林木食叶害虫

野外识别手册

陈淮安 ◎编著

中国林業出版社

图书在版编目（CIP）数据

林木食叶害虫野外识别手册 / 陈淮安编著. -- 北京：中国林业出版社，2021.9

ISBN 978-7-5219-1358-3

Ⅰ. ①林… Ⅱ. ①陈… Ⅲ. ①林木－食叶害虫－识别－手册 Ⅳ. ①S763.3-62

中国版本图书馆 CIP 数据核字（2021）第 188421 号

中国林业出版社 自然保护分社（国家公园分社）

策　　划：刘海儿工作室

责任编辑：张衍辉　葛宝庆

电　　话：（010）83143521　83143612

出　　版：中国林业出版社

地　　址：北京市西城区刘海胡同 7 号　100009

网　　址：http://www.forestry.gov.cn/lycb.html

E-mail：cfybook@sina.com

印　　刷：河北京平诚乾印刷有限公司

版　　次：2021 年 9 月第 1 版

印　　次：2021 年 9 月第 1 次

开　　本：880mm×1230mm 1/32

印　　张：7.875

字　　数：190 千字

定　　价：65.00 元

书里写了什么？

林木食叶害虫种类多，分布广，危害大，为害严重时可将叶片全部吃光，对我们的森林资源造成不可估量的损失，因而被称为“不冒烟的森林火灾”。为实现“早预防、早发现、早除害”，做到“预防为主、科学防控、依法治理、促进健康”，防止“林业生物灾害”的发生，有效地保护好林木资源和国土安全。编著者根据在基层从事森林病虫防治二十多年的工作经验，将实际工作中接触到的 160 种主要林木食叶害虫的识别与防治技术编写成《林木食叶害虫野外识别手册》，以供大家参考。

《林木食叶害虫野外识别手册》是一本图文并茂、好懂易记、便于阅读的科普书、工具书。全书共分为昆虫常识、林木食叶害虫概述、鳞翅目林木食叶害虫、鞘翅目林木食叶害虫、膜翅目林木食叶害虫、直翅目林木食叶害虫、其他目林木食叶害虫七章。每章以口诀、图说、释文的形式，全面系统而深入浅出地介绍了昆虫及主要林木食叶害虫的识别、习性、防治等内容。本书图文并茂、内容新颖、科学实用，文字通俗精练、韵律流畅，可读性好。为能够贴近实际、贴近基层、便于理解记忆，本书特别采用了大量浅显通俗、易懂易记、短小精悍、朗朗上口的口诀文字。本书精心选用 560 余张照片来配合相关知识点的介绍，这些照片是由编者从自己近十年来所拍摄的 5 万余张照片中选出，力求构图简洁、特征突出。除极少数虫种外，本书所拍摄的昆虫均在安徽省池州市东至县境内天然分布，这对于了解该县森林动物资源，掌握这些昆虫分布范围、生活习性具有一定的参考价值。本书可供广大农林技术人员、生产经营者、教学科研人员、爱好者及农林院校师生、昆虫爱好者、大自然爱好者阅读使用。

由于编者水平和精力所限，书中难免有疏漏、错误之处，诚望读者给予批评指正。

陈淮安

2020 年 11 月于安徽省东至县

目　录

第三节　蛾类食叶害虫

第四章　鞘翅目林木食叶害虫

第一节　鞘翅目昆虫识别

第二节　叶甲类食叶害虫

第三节　金龟子类食叶害虫

第四节　象甲类食叶害虫

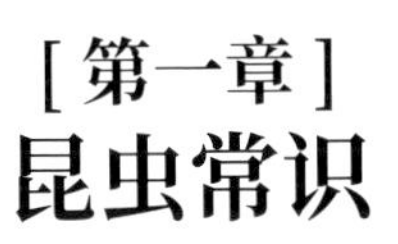

[第一章]
昆虫常识

第一节　昆虫形态特征口诀

1. 昆虫特征

昆虫么东东？一说你就懂：它属昆虫纲，随处见影踪；种类超千万，数量难形容；常见如蛾蝶，甲虫蚁蝉蜂。形态虽各异，万变不离宗：浑身没骨骼，全靠外壳撑。身体分三段，头部腹和胸。头部有口器，作为取食用；触角单复眼，感觉所倚重。胸部生足翅，主要管运动；翅膀多两对，利飞向长空；胸足是三对，形态各不同。腹部管繁殖，代谢在其中。

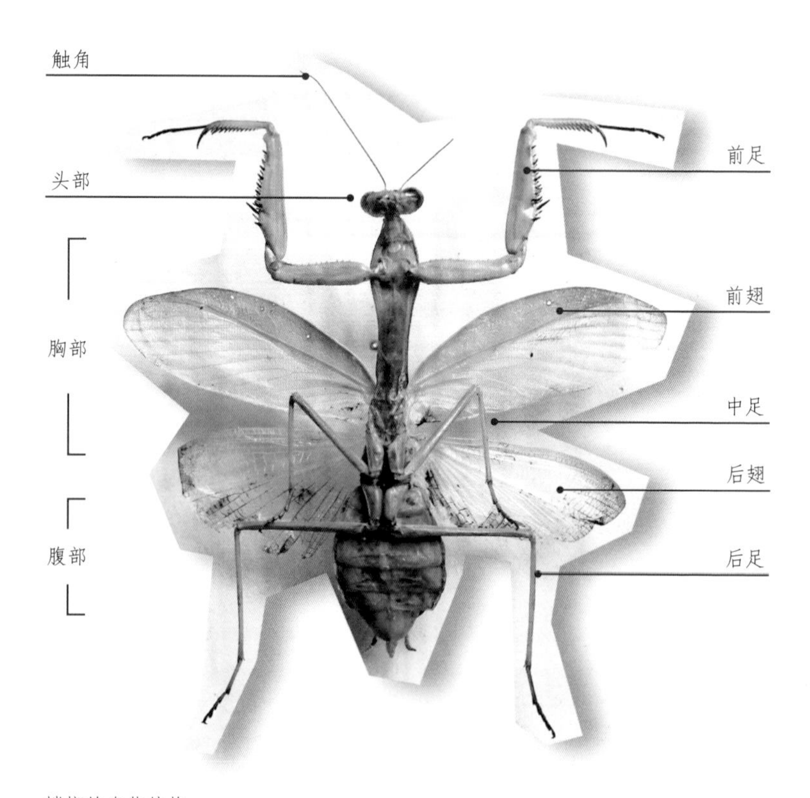

螳螂的身体结构

松褐天牛的幼虫没有足

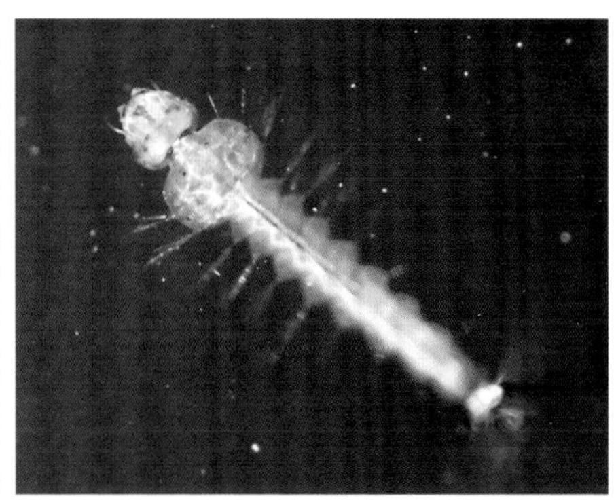
蚊子的幼虫有很多足一样的长毛

蜘蛛和蜗牛，蚰蜒与蜈蚣；虽然很相似，却非是昆虫；其腿非六条，难分头腹胸。

马陆又叫千足虫，不是严格意义上的昆虫

擅于伪装的华丽金姬蛛有八只足，不属于昆虫

无足的“鼻涕虫”蛞蝓不分节，不是昆虫

蜗牛属于软体动物，更不是昆虫

昆虫会变态，前后大不同；通常四阶段，卵蛹幼成虫；由卵孵幼虫，老熟化成蛹；虫蛹少动弹，羽化变成虫。卵为胚胎期，胚胎始萌动；幼虫生长快，取食最凶猛；蛹期转变期，蝶变孕育中；成虫要交配，产卵子昌荣。

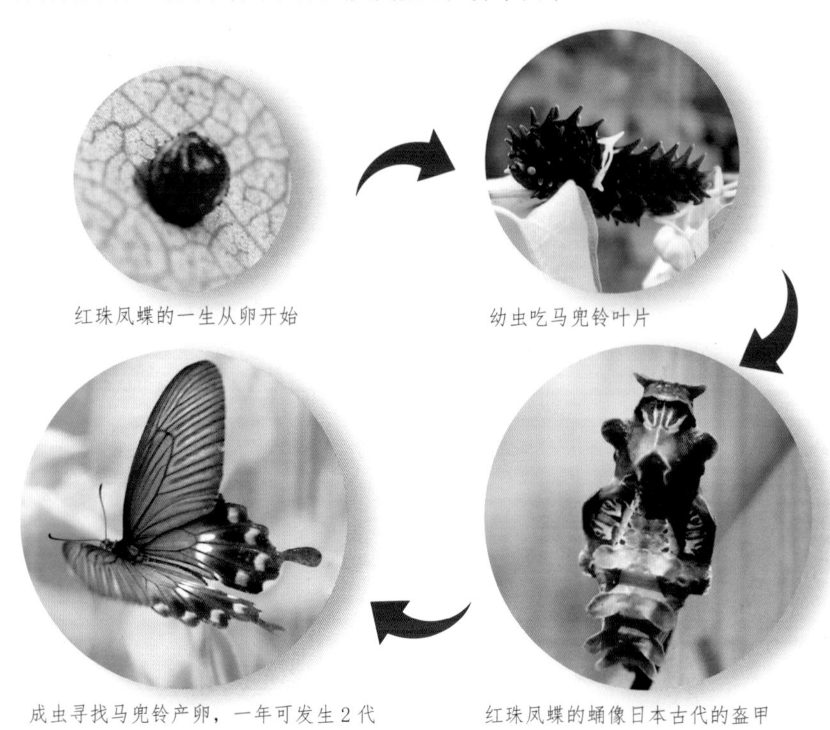

红珠凤蝶的一生从卵开始

幼虫吃马兜铃叶片

成虫寻找马兜铃产卵，一年可发生2代

红珠凤蝶的蛹像日本古代的盔甲

蝽蝗是特例，生长无蛹期；变态不完全，生长不休息；幼虫叫若虫，稚虫也可以；蜻蜓叫水虿，跳蝻蝗专利。

蝉类若虫躲在土室中越冬

蜻蜓的稚虫水虿生活在溪流中，没有蛹期

个体发育历史，昆虫拥有专词；叫做一个世代，“一代”简而言之；从卵离开母体，直到性熟为止；历时各自不同，或短或长或迟；与虫遗传有关，环境排在其次。

1. 绿尾大蚕蛾的卵和初孵幼虫

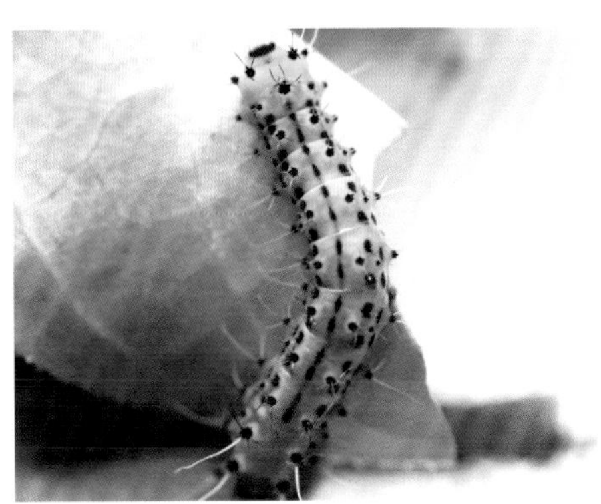

2. 蜕一次皮就长一龄，不同虫龄，样子有所变化

3. 开始长出硬刺

4. 长到最后一龄

5. 刚羽化还未完全展翅

6. 成虫

昆虫二型性，说与你听听；同种个体间，差异较分明。比如袋蛾类，雌雄易分清，雌蛾如蛆状，雄蛾会飞行。美眼蛱蝶儿，翅上有“眼睛”；夏秋季不同，形色分二型；夏型较艳丽，秋型枯叶形。蚂蚁与蜂类，具有社会性；形态更多样，多型是其名。

雌、雄竹象在大小、斑纹上差异明显

青豹蛱蝶雌雄二型性明显

白蚁种群中有不同的“工种”

作为繁殖最快昆虫之一的蚜虫为多态昆虫，同种内有无翅和有翅两种类型

2. 昆虫触角

识昆虫，看体貌；依顺序，来介绍。先看头，看触角；刚毛状，似鬃毛；蝉蜻蜓，用该角。丝状角，细线条；在蝗虫，头上找。念珠状，很惟肖；有白蚁，应知晓。论棒状，蝶知道；棒球杆，可参考。膝状角，梗节小；形似膝，人弯腰；蜜蜂角，是代表。说羽状，似羽毛；蛾雄虫，多配套。鳃叶状，较俊俏；似鱼鳃，莫混淆；金龟子，做广告。环毛状，比较少；如雄蚊，当个宝。具芒状，芒构造；蝇头上，仔细瞧。锯齿状，像锯条；叩头虫，较喜好。栉齿状，较难找；似梳子，请记牢；雄豆象，最需要；雄鱼蛉，颇高调。锤状角，最奇妙；端膨大，基细小；小瓢虫，形如瓢；用该角，探信号。

黄纹长角蛾的丝状触角是身体的数倍

黑翅红蝉的刚毛状触角比较细小

多刺蚁的膝状触角

蛾类的羽状触角

虎斑蝶的棒状触角

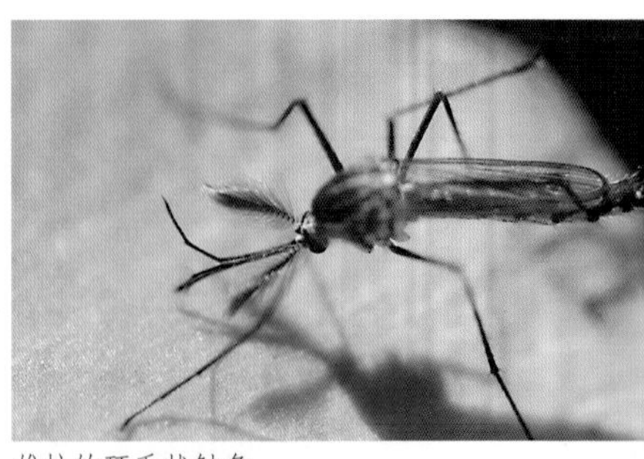
雄蚊的环毛状触角

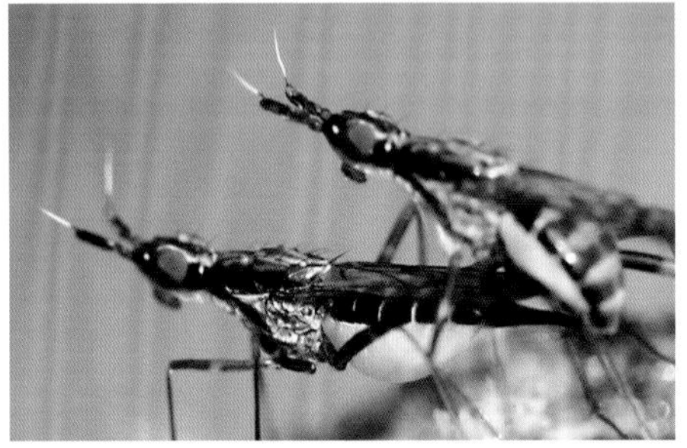
指角蝇的具芒状触角

雄性中华斑鱼蛉的栉齿状触角

白蚁的念珠状触角

锤角叶蜂的锤状触角

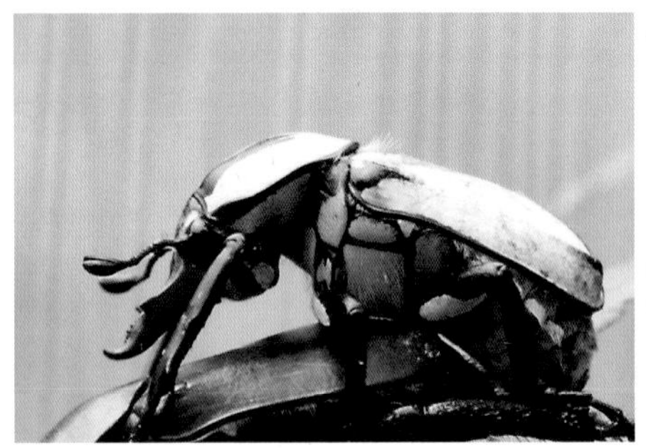
宽带鹿花金龟的鳃叶状触角

黑足球胸叩甲的锯齿状触角

3. 昆虫的眼

昆虫眼，感光线；分单眼，和复眼。说单眼，力有限；分明暗，感近远；物相貌，难分辨。背单眼，讲在先；在成虫，头前面；有三个，最普遍；一两个，也常见；多生在，复眼间。侧单眼，长侧边；仅幼虫，可发现；如叶蜂，好可怜；仅一对，不方便。蛾幼虫，让人羡；有六对，排弧线。虫复眼，很有趣；由单眼，所汇聚；头正面，位占居；凸面形，很突出；常一对，布眼区。

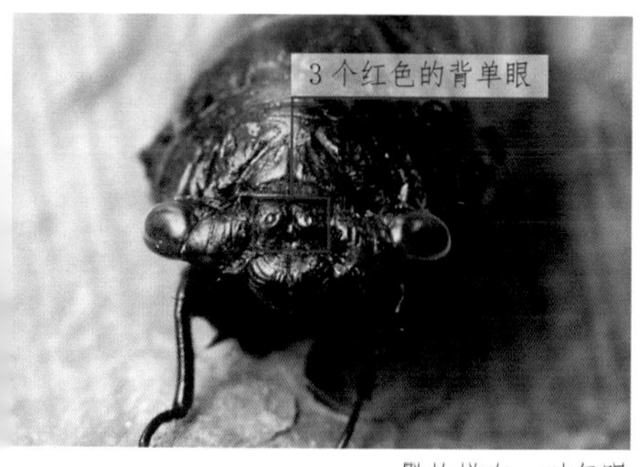

黑蚱蝉有一对复眼

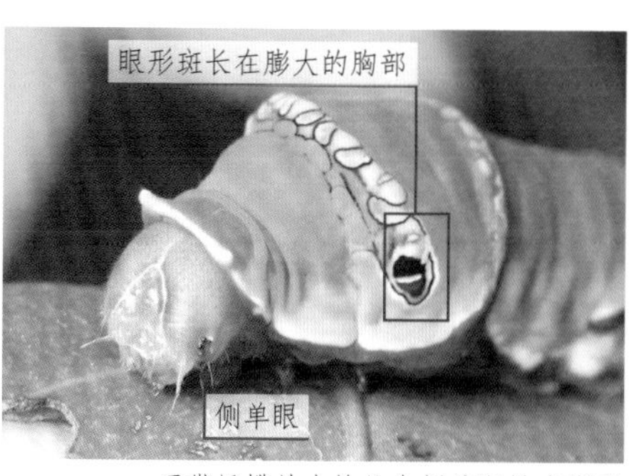

玉带凤蝶幼虫的几个侧单眼排成弧形

除了复眼，中稻缘蝽还有一对红色背单眼

竹叶蜂幼虫只有一对侧单眼

食蚜蝇的一对复眼占了“脸”的绝大部分

褐翅筒天牛等天牛的复眼将触角围在中间

说起眼斑，与眼无关；无非斑纹，酷似大眼；恫吓敌人，确保安全；吸引异性，后代繁衍。

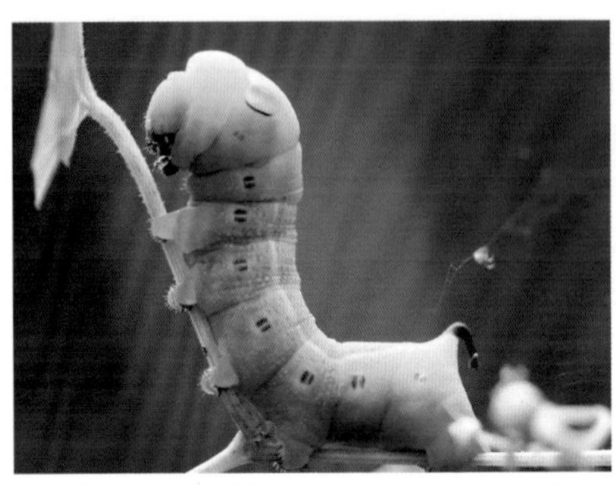

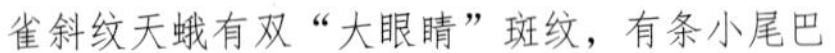

雀斜纹天蛾有双“大眼睛”斑纹，有条小尾巴

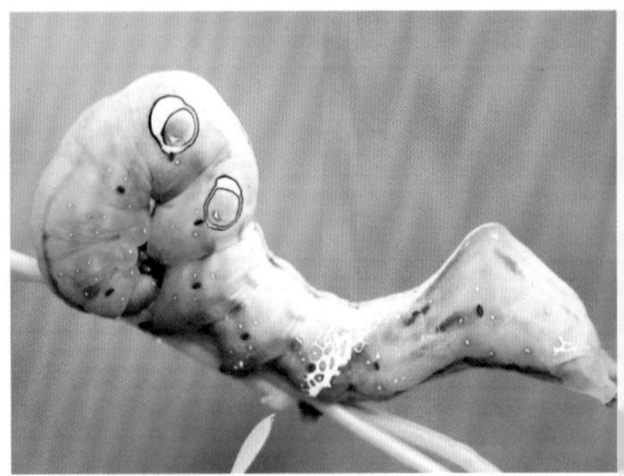

枯叶夜蛾有两双“大眼睛”却只能用足扮尾巴

4. 昆虫口器

看口器，虫辨识：如蝗虫，咀嚼式；其结构，最原始；有大颚，如牙齿；咬植物，嚼固食；树残破，叶缺失；蛀树干，断树枝。蛾与蝶，虹吸式；其特有，应早知；其长喙，好认识；可伸长，吸食时；可盘卷，不用时；吃流食，吸树汁。较复杂，嚼吸式；咬与吸，都支持；蜜蜂类，所配置；有大颚，嚼固食；有长管，吸蜜汁。刺吸式，有蚊虱；其口器，针管似；先刺入，再吸食；伤口小，难感知；体内液，已流失。蝇口器，舐吸式；有唇瓣，舐于食；伪气管，吸液汁；遇颗粒，露口齿；先刮碎，成渣滓；再吸入，也不迟。最退化，刮吸式；蝇幼虫，所特制；有口钩，是标志；用口钩，先刮食；破成屑，再吸之。独蓟马，锉吸式；取食时，摆姿势；用口针，锉组织；汁流出，再开始。吸血虻，刮舐式；其上颚，刀片似；剪皮肤，最合适；皮肤破，血流失；用唇瓣，贴吸之。

木蜂天蛾与木蜂极似，但为虹吸式口器

透翅蛾很像黄蜂，但为虹吸式口器

昆虫口器一般分为三大类：咀嚼式口器、吸收式口器、嚼吸式口器。

咀嚼式口器是最常见、最基本、最原始的昆虫口器，该口器用于取食固体食物。

蛾类幼虫为咀嚼式口器

吸收式口器是一种专门取食液体食物的口器，可进一步细分为刺吸式、锉吸式、刮吸式、刮舐式和吸食暴露在物体表面液态物质的虹吸式、舐吸式等类型。

大襟弄蝶等蝶类成虫的口器为虹吸式口器

锯纹粉尺蛾等蛾类的口器为虹吸式口器

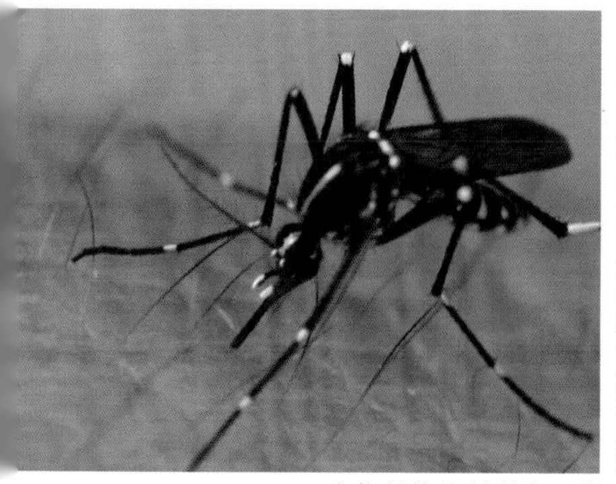
白纹伊蚊的刺吸式口器

蜣蝇的舐吸式口器

食虫虻的刮舐式口器

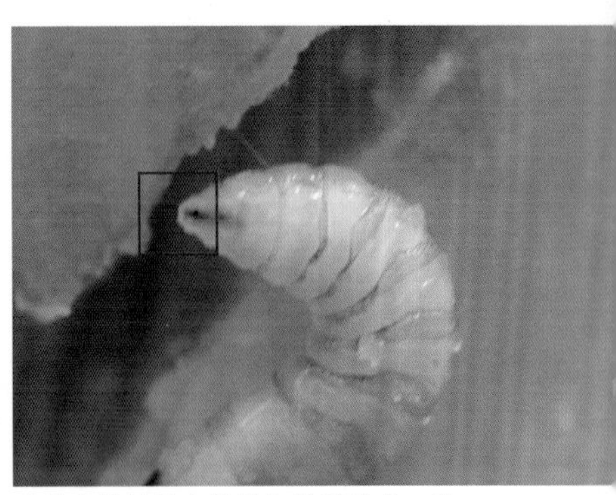

毛笋泉蝇的黑色钩状为其刮吸式口器

蜜蜂的嚼吸式口器

嚼吸式口器可兼食液体食物和固体食物两类食物，为蜜蜂等蜂类所具有。

螽斯为下口式，口器在头部下方，头部纵轴与身体纵轴垂直

头部型式有三种，式样作用大不同；
首先介绍下口式，食叶昆虫多选用；
口器长在头下方，方便啃咬和望风；
头部身体两纵轴，相互垂直容易懂。
其次再讲前口式，捕食钻蛀所推崇；
纵轴相交是钝角；口器在前好进攻。
口器向后后口式，多见蝉蝽等昆虫；
纵轴相交是锐角，刺吸汁液滋味浓。

三栉牛为前口式，口器在头前方，头部纵轴与身体纵轴平行或呈钝角

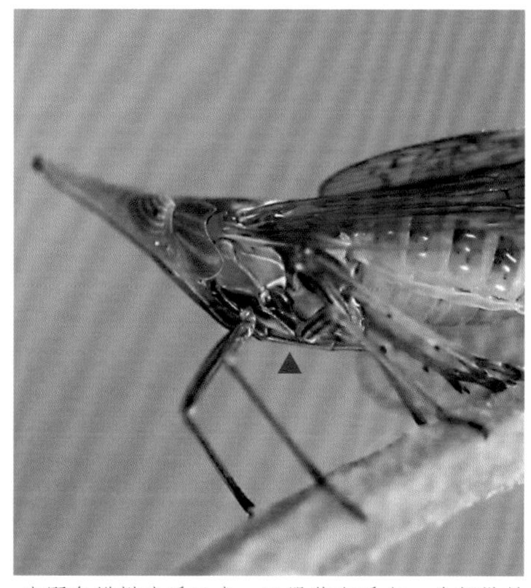
中野象蜡蝉为后口式，口器伸向后方，头部纵轴与身体纵轴呈锐角

豆娘的足弱到无法行走

5. 昆虫的足

昆虫足，记心上；认昆虫，可帮忙。
步行足，最寻常；利行走，细而长；
虫不同，习多样；足作用，有偏向：
蜚蠊类，如蟑螂；足善跑，利躲藏；
小瓢虫，懒洋洋；慢慢走，求稳当；
蝶蛾类，爱飞翔；论行走，很勉强；
足作用，把手当；抓物体，把神养。
跳跃足，跳最强；腿节大，胫节长；
蝗后足，是榜样。游泳足，形如桨；
来划水，是强项；如仰蝽，水中仰；
其后足，该式样。捕捉足，有螳螂；
其前足，折刀状；有刺列，腿上长；
捉猎物，非常棒；想逃脱，是妄想。

开掘足，似耙子；挖掘土，正合适；如蜣螂，土狗子；其前足，该样式。雄龙虱，很强势；其前足，抱握式；交配时，抱雌虱；靠吸盘，来把持。攀援足，如体虱；足末节，如钳子；夹毛发，很好使。携粉足，携花粉；花粉篮，是俗称；蜂后足，是样本。

昆虫足，有妙用：能爬走，能游泳；能跳捕，能挖洞。蜂前足，有特点；净角器，长上面；清触角，如洗脸。苍蝇足，有爪垫；可防滑，可倒悬。

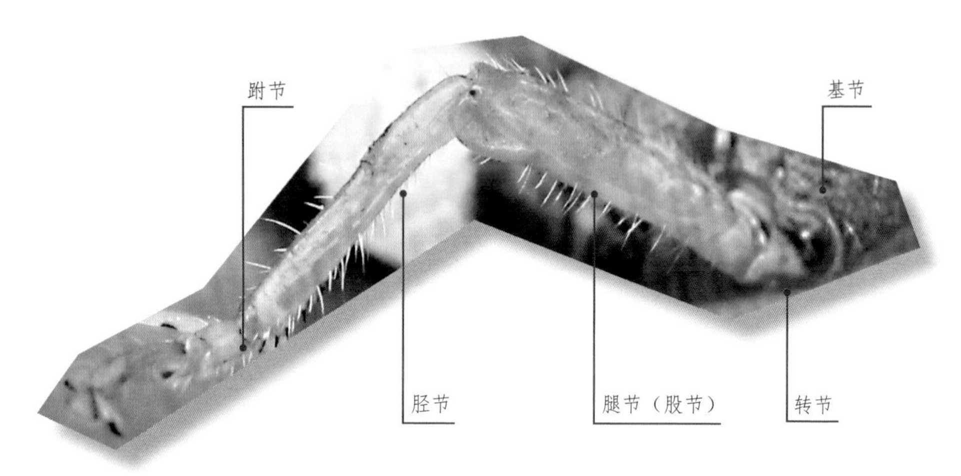

常见昆虫足的结构示意图

步甲不能飞，步行足强而有力

侧裸蜣螂的前足是开掘足

短翅佛蝗的后足是跳跃足

螳螂的捕捉足

蜜蜂的后足为携粉足

仰蝽的游泳足

了解昆虫足的构造和类型，有助于识别并防治害虫。

蚂蚁为步行足，膝状触角

拟蚁螽斯为跳跃足，丝状触角

6. 昆虫的翅

昆虫翅，多类型；数膜翅，最有名：如蝉翼，有蜻蜓；薄如膜，全透明；翅上脉，看得清。论鞘翅，厚而硬；无翅脉，难飞行；护后翅，充甲盾；甲虫类，甲满身；其前翅，该类型。半鞘翅，如其名；蝽前翅，最典型；基半部，坚而硬；端半部，很透明；膜质化，利飞行。平衡棒，保平衡；由后翅，退化成；小棒状，很好认；双翅目，如蝇蚊；配备有，仔细寻；飞行中，保平稳；飞错向，能纠正。覆翅类，质坚韧；如皮革，有脉纹；不飞时，担大任；覆后翅，盖侧身；直翅目，蝗虫等；其前翅，该类型。鳞翅类，翅有鳞；各色鳞，排图形；蝶蛾翅，最有名。毛翅类，翅有毛；石蛾翅，该型号。缨翅类，毛如缨；翅狭长，质透明；翅周缘，布毛缨；蓟马翅，是典型。

全大蚊的平衡棒

十三斑绿虎天牛前翅为鞘翅，后翅膜质

硕蝽的前翅为半鞘翅，翅前半部革质，后半部膜质

覆翅螽的前翅为覆翅，不能用于飞行

虽与蜂相似，但食蚜蝇有一对平衡棒

黑长须长角石蛾的翅上有毛

7. 昆虫的蛹

昆虫蛹，分三种：有围蛹，有被蛹；而裸蛹，叫离蛹。咱先说，是被蛹；虫附肢，包蛹中；粘蛹上，不能动；唯腹节，或可动；蛾与蝶，及蚊蜢；该蛹型，经常用。说离蛹，称裸蛹；其附肢，可活动；其腹节，也可动；有的蛹，太爱动；可爬行，可游泳；脉翅目，如蛉虫；化蛹时，用该蛹。说围蛹，较稀少；如蝇类，是代表；末龄虫，皮不掉；被覆在，蛹体表；壳变硬，把蛹包；虫附肢，被粘牢；拿被蛹，来参考；羽化时，好奇妙；壳前端，仔细瞧；环裂开，蝇出逃；其实质，应知晓；是被蛹，被壳包。

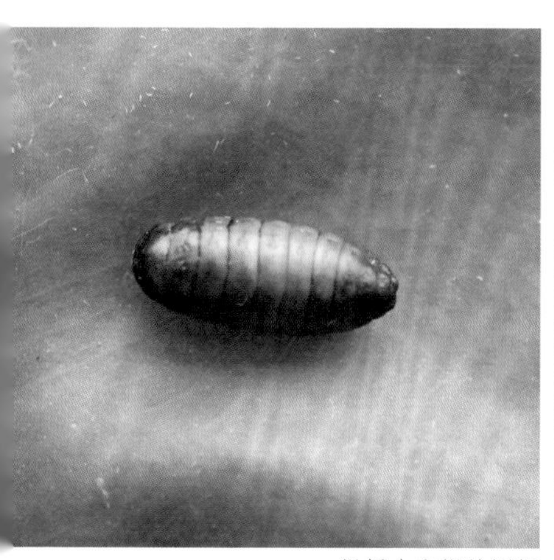
柑橘大实蝇的围蛹

悬在枝叶间的褐线尺蛾蛹为被蛹

天牛的裸蛹，附肢清晰可辨

8. 昆虫的茧

完全变态昆虫，用茧保护虫蛹；或由纯丝织成，或掺叶片毛绒；做成密封袋囊，虫蛹包在其中；保护虫蛹安全，不怕日晒雨风。银杏大蚕蛾茧，网状酷似纱笼；栎黄枯叶蛾茧，形与马鞍相同。黄刺蛾茧坚硬，似蛋钙质耐用。悬茧姬蜂悬茧，椭圆如同灯笼，柄呈长长丝状，悬挂随风摆动。

银杏大蚕蛾的蛹外面有纱笼状的茧

悬茧姬蜂的蛹包在灯笼似的茧内

9. 昆虫的颜面

昆虫颜面，如同人脸；识别昆虫，可以借鉴；脸上有啥？单眼复眼，触角口器，其他附件。红袖蜡蝉，有双“对眼”。蝶与蛾类，复眼之间；有下唇须，如鼻在前。蜻蜓复眼，几乎相连；一对触角，围在中间。豆娘复眼，特征明显；如同哑铃，各据一边。蝶角蛉类，幼虫扁扁；身体前端，一对大钳。蝎蛉头部，如喙宽扁；形同鸭嘴，比较少见。螳螂颜面，下巴较尖；三角形状，是其特点。至于苍蝇，颜面多变；具芒触角，识别关键。天牛成虫，长角如鞭；肾状复眼，围在鞭边。象甲如象，喙较经典；形似长鼻，触角列前；复眼在后，大而较圆。

白斑眼蝶幼虫像个头上长了天线的外星人

红袖蜡蝉有双“对眼”

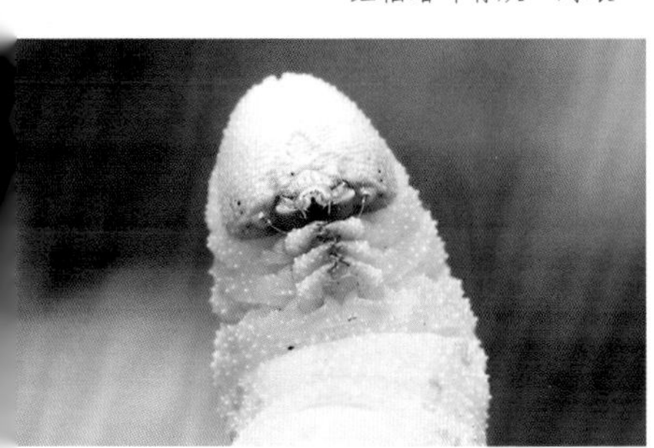
做祈福状的天蛾幼虫

美眼蛱蝶的复眼

蜻蜓复眼几乎相连

豆娘的颜面横宽，一对复眼如哑铃

蝇的复眼边如有“针线缝补”痕迹

蝶角蛉幼虫像个满脸皱纹的笑脸

蜕皮的白带螯蛱蝶卸下旧“四角龙头”面具

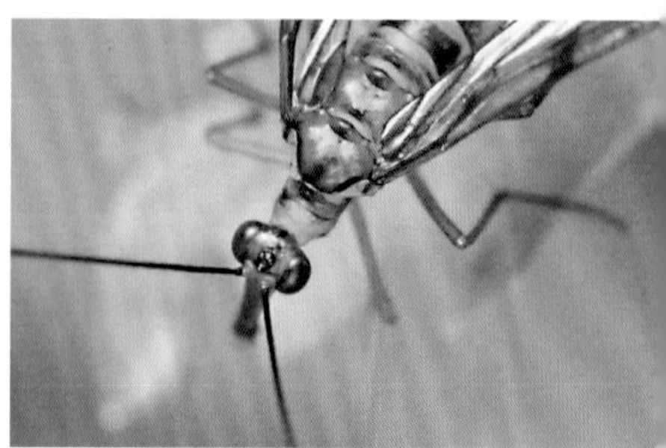
蝎蛉的头部延伸成“喙管”

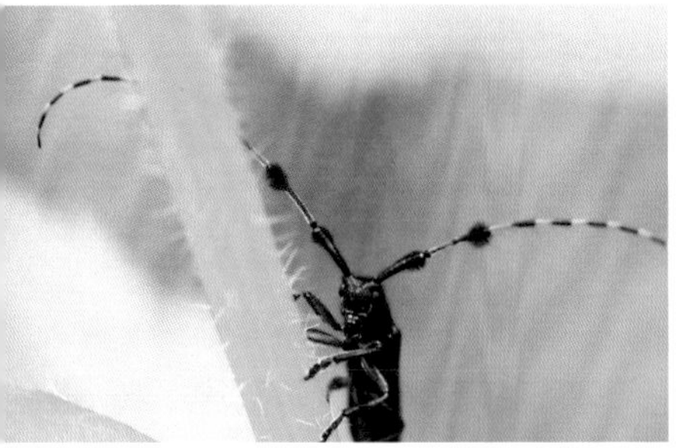
苜蓿多节天牛长角如鞭

素式蛱蝶幼虫有漂亮的“头饰”

筒喙象

螳螂颜面呈三角形

蝗虫的下颚须

蜉蝣

第二节　昆虫生活习性口诀

看某虫，先做功；虫习性，虫特征；多了解，记心中：喝什么，吃哪种？哪栖息，哪活动？生活史，牢掌控；啥时候，是幼虫？啥时候，化为蛹？卵在哪，怎过冬？找虫时，起作用。线索多，人轻松；虫习性，现奉送：

在这种“空调房”里更容易找到白弄蝶幼虫

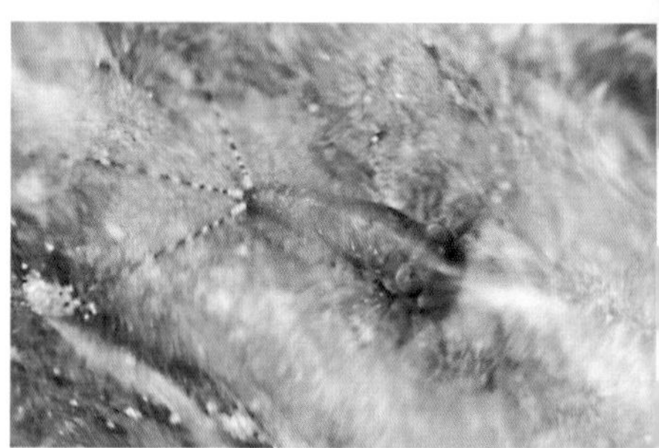

观察蜉蝣幼虫需要到溪流中去

1. 昆虫的趋性

虫趋性，咱先说；趋光性，如飞蛾；昼静伏，夜出没；其偏好，短光波；喜灯光，爱扑火；黑光灯，可架设；先诱集，再观摩。蚜虫类，爱黄色；黄粘板，爱附着。趋化性，多探索；有些虫，有特色；对气味，易着魔；性激素，应用多；诱昆虫，没得说。有些虫，对某物；爱纠缠，难放过；围绕它，时穿梭。蜻蜓类，趋湿地；小跳蚤，暖中挤；白蚁类，把光避；蟋蟀类，用声集。

松褐天牛诱捕器

捕蝇笼

蜻蜓喜欢停留在突出的枝叶、物体上

聚集在湿地补充水分的黎氏青凤蝶

2. 昆虫的食性

虫食性，再关注：植食性，吃植物；如毛虫，如小蠹；是害虫，害寄主。据范围，再分支：单食性，最挑食；豌豆象，是单食；除豌豆，它不吃；要找它，也好使；把豌豆，先认识。寡食性，略大度；一科内，之植物；它都吃，不在乎；如竹蝗，爱吃竹；竹林里，是住处。多食性，食广谱；如飞蝗，地老虎；不同科，之植物；它都吃，很马虎。肉食性，吃动物；如猎蝽，把虫捕；是益虫，多帮扶。腐食性，吃腐物；如苍蝇，人厌恶。菌食性，吃蘑菇；吃细菌，藻光顾；有瓢虫，是少数。杂食性，不专注；如蟑螂，如蝼蛄；动植物，都填肚。

马尾松毛虫仅为害马尾松等松类植物

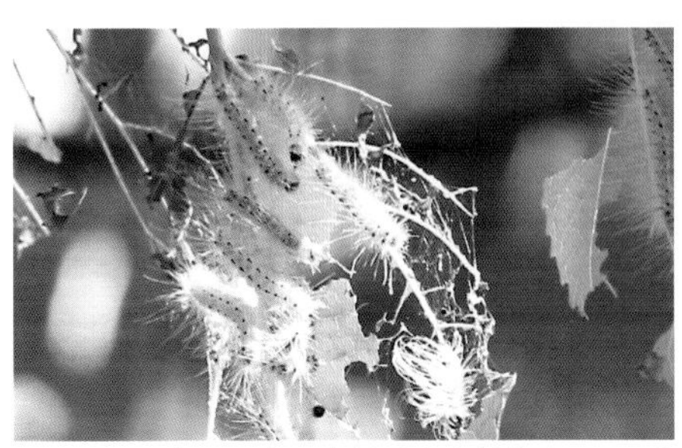

在我国，美国白蛾的寄主植物涉及 49 科

水面上溜冰的黾蝽属于肉食性昆虫

捕食苍蝇的蜻蜓

红头丽蝇为腐食性昆虫

腐食性的侧裸蜣螂喜欢推粪球

蟋蟀为杂食性昆虫

蟋蟀也吃植物叶片

正在食叶的菱斑食植瓢虫

赤星瓢虫捕食蚜虫

3. 昆虫的假死性

假死性，假装死；遇震动，感敌至；虫麻痹，变僵直；或坠地，或静止；小象甲，爱尝试；可振落，再收拾。

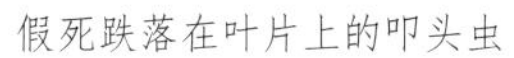
假死跌落在叶片上的叩头虫

用假死逃避天敌的筒喙象

4. 昆虫的群集性

群集性，爱群集；如飞蝗，心最齐；一生中，不分离。如刺蛾，不能比；低龄时，挤一起；长大后，互不理。

群集在一起取食的苎麻珍蝶低龄幼虫

像挂面一样的杏丝角叶蜂低龄幼虫

5. 昆虫的迁飞性

有昆虫，爱迁飞；如粘虫，秋南归；次年春，再飞回；如飞蝗，应防备；防增殖，防迁飞；发蝗灾，人倒霉。

小红蛱蝶能连续迁徙 4000 公里

有翅繁殖蚁迁飞寻找新的巢穴

与周围环境融为一体的菱蝗

6. 昆虫的保护色

保护色，保性命；避天敌，食靠近。枯叶蛾，最典型；像枯叶，叶间停；欲观察，需留心。如蚂蚱，有本领；其体色，随环境。警戒色，做预警；体艳丽，是提醒；警告敌，莫靠近。

刺蛾幼虫用鲜艳的体色警戒天敌

7. 昆虫的拟态

枯叶蝶，像枯叶；竹节虫，像竹节；是拟态，把物学；学形态，难识别；仿斑纹，敌退却。

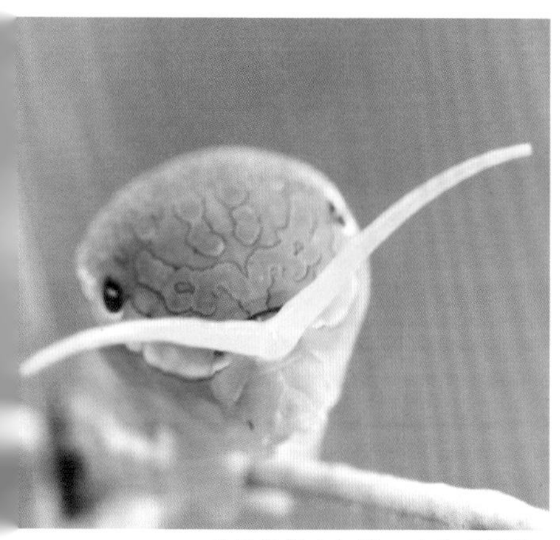

碧凤蝶拟态红眼、吐信子的蛇

拟态眼镜蛇的柿星尺蛾幼虫

霓纱燕灰蝶利用摆动的尾突和眼斑拟态头部来迷惑敌人

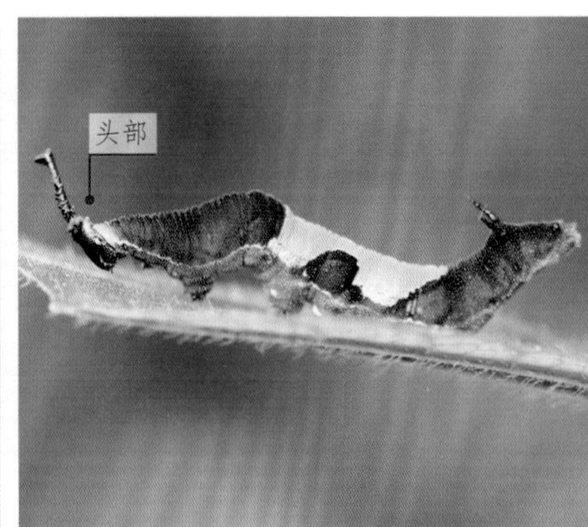

素饰蛱蝶幼虫的头在哪里

拟态枯叶的枯叶夜蛾

像卷叶一样的青凤蝶蛹

尺蛾制造了“脸”一样的伪装

与构树枝混为一体的野蚕蛾幼虫

第三节　昆虫探究方法口诀

1. 直观法

探究法，咱讲讲：最原始，用眼望；到一处，莫瞎忙；沉下心，慢慢逛；观六路，听八方；看动静，听声响；查枝叶，可有伤？看地面，虫粪访；人搅动，虫惊慌；或蹦跶，或飞翔；看它落，待它藏；再靠近，看端详；或记录，或照相；敬生命，多观赏；莫捕捉，不饲养。

食叶害虫为害会在叶上形成各种残缺、卷叶、斑块等机械创伤

舟蛾幼虫蚕食竹叶时伪装成叶柄，观察时需仔细查找

躲在叶面为害的蝗虫

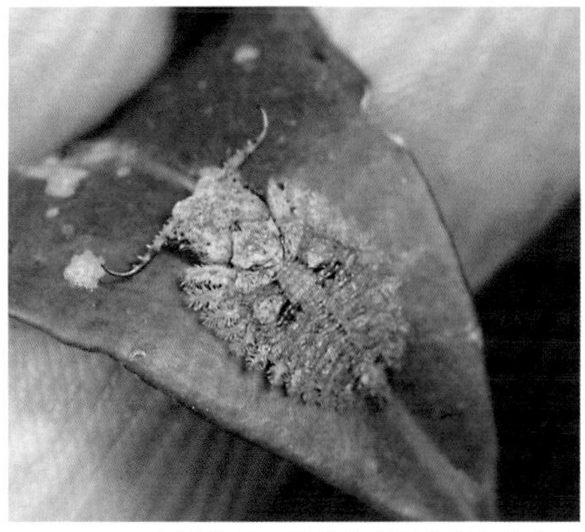

如同苔藓，不易被发现的蝶角蛉幼虫

2. 网捕法

捕飞虫，它最棒；在清晨，或傍晚；
气温低，它上场。虫不同，网异样；
四种网，用恰当。枝颠立，空中翔；
捕捉它，用捕网；其网袋，要提倡；
尼龙做，棉纱纺；轻且柔，风通畅；
对准虫，横扫荡；或追捕，或扣上。
草间栖，灌中藏；看不见，用扫网；
边扫动，边摆晃；大小虫，一并装；
其网袋，有名堂；耐磨性，先考量；
亚麻布，白布强；其网柄，莫太长。
水中虫，用水网；再细分，三种网：
水草中，用铲网；其骨架，用铜棒；
焊成铲，草可挡。水中游，用捞网；
其网袋，盆底状；透水性，要优良；
耐腐蚀，应较强；其网柄，应稍长。
浅水处，缝中藏；用撑网，最适当。
用刮网，不经常；其网圈，半开放；
开口处，对树干；来回刮，将虫装。

捕虫网捕捉法

3. 灯诱法

引昆虫，飞来投；诱虫地，有讲究；
靠山林，依水流；树种多，环境幽；
干扰少，杂光冇。将白布，挂灯后；
面朝树，绿悠悠；晚七点，11 左右；
虫最多，把意留。

不仅"飞蛾扑火"，蜜蜂也有趋光性

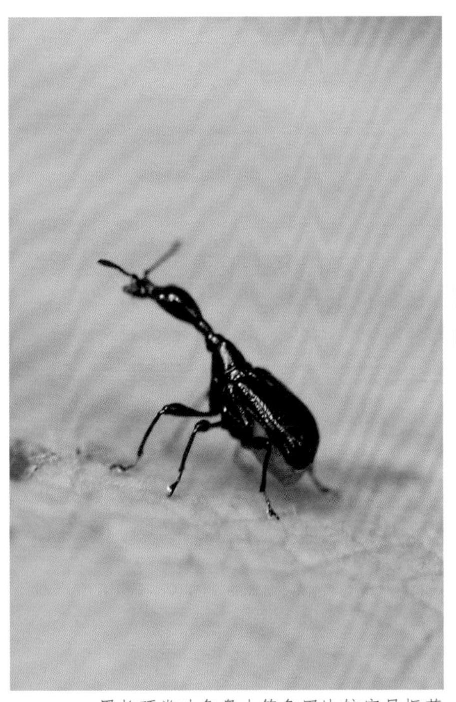
黑长颈卷叶象鼻虫等象甲比较容易振落

4. 振落法

用白布，接树下；手或棍，上方打；
虫坠落，受惊吓；伞代布，也不差；
用纯色，色莫花；易对比，虫易察。

听到相机快门声就跌落装死的胆小鬼

熟透的桃子引来数种昆虫

5. 诱集法

杯子里，酒倒下；选地点，杯埋下；
有傻虫，往里爬；用腐肉，引步甲；
埋葬虫，隐翅甲；效果好，不复杂。
用糖蜜，也不差；蛾与蝶，金龟甲；
循气味，往里扎。烂香蕉，坏苹果；
引昆虫，也不错；绑树上，虫爱落。
性诱剂，没的说；引昆虫，远跋涉；
投罗网，还快乐。

6. 搜索法

有些虫，暗中躲；砖石下，来龟缩；树皮下，安乐窝；朽木中，好快活。把木刨，把皮剥；枯叶翻，砖石挪；细寻找，会有获；在早春，或秋末；虫越冬，不放过；勤观察，结硕果。

搜索昆虫 ▶

深秋，腐朽的杉木皮下依然生机勃勃，除了较大的烁甲外，还有蚁蟋、蚂蚁等4种昆虫和1条黄色的笄蛭涡虫

第四节 标本采集制作口诀

1. 标本采集

标本采集有门道，力求干净与完好；采集标本要安全，外业切莫独自跑；
随身携带劳保品，防止受伤防虫咬；相机工具记录本，有序放入采集包；
采集成虫捕虫网，眼明手快虫难逃；网料较厚是扫网，大小昆虫一把捞；
毒瓶有毒杀昆虫，采集工具不可少；玻管以及指形管，纸袋镊子和小刀；
标本盒子诱虫灯，笔记标签都重要；病害采集带塑袋，简便实用又轻巧；
还有草纸标本夹，压制枝叶防卷翘；确定是否是病斑，放大镜儿仔细瞧；
铲镢挖土查根系，锯剪用来采枝梢。

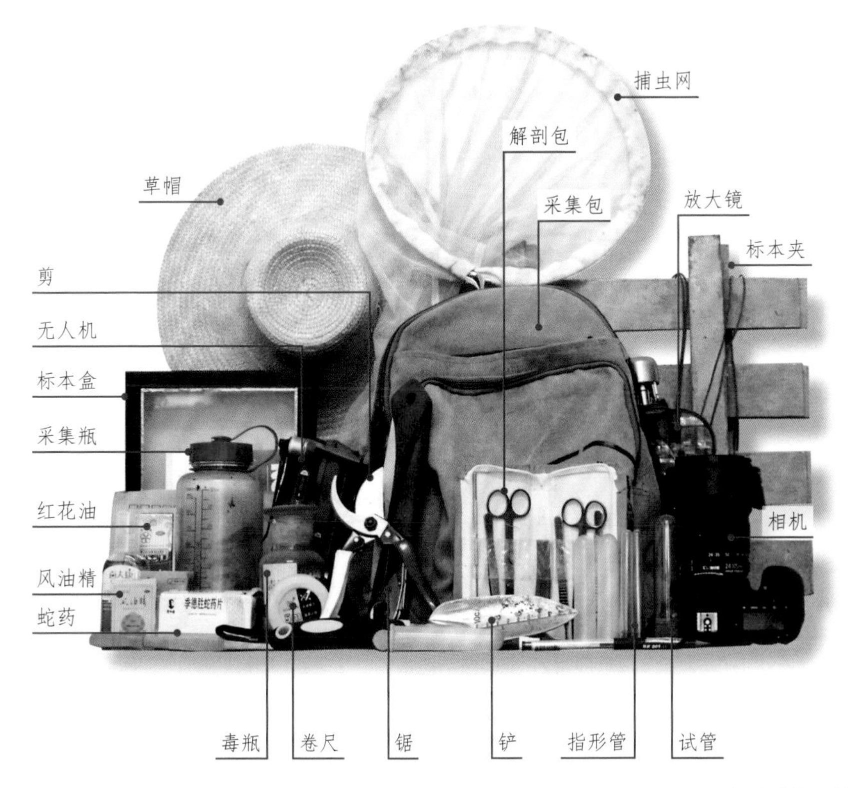

标本采集工具

2. 标本制作与管理

昆虫讲究生活史，最好采集一整套；成虫幼虫蛹与卵，归在一起才算妙；
幼虫采来可饲养，要做标本用药泡；密封保存利鉴定，冰箱冷藏最是好。
成虫标本较难做，针插标本展全貌；取虫插上昆虫针，所插部位早知晓；
半翅目类插中胸，小盾片中央最妙；鳞翅双翅膜翅目，中胸背板中央找；
鞘翅目虫叫甲虫，针儿插在右翅鞘；距离基部 1/4 处，通常紧往中缝靠；
最后还有直翅目，蚱蜢蝗虫和知了；前胸背板近后缘，中脊线右插得牢。
插针只是第一步，展翅整姿随后搞，展翅要用展翅板，动作轻缓莫潦草，
展翅最多鳞翅目，前翅后缘认真瞧，要与身体相垂直，后翅自然展妖娆，
不为前翅所遮压，平整完整不皱翘，没有要求是六足，外露自然是触角。

包含卵、幼虫、蛹、成虫（雌、雄）标本的玉带凤蝶成套生活史标本

盒装针插带蝴蝶标本

宽带鹿花金龟针插标本制作中

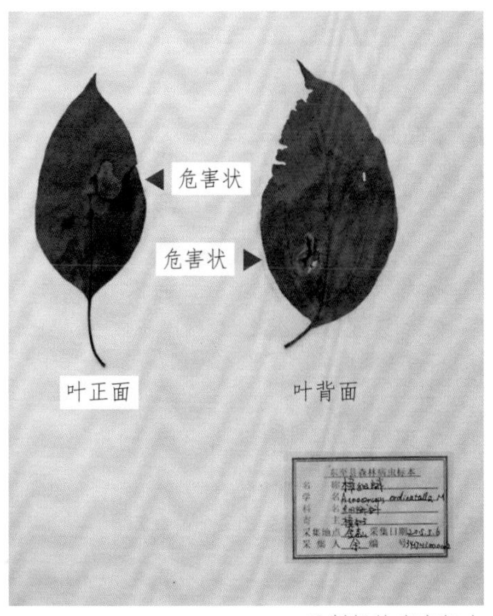

干制好的病害标本

病害要有危害状，病状病症很明了；
植物叶片易失水，随采随压是绝招；
柔弱多汁果与草，放入箱中分别包；
易碎或者体积小，纸袋瓶中丢不掉；
采后立即挂标签，同时填写记录表；
病害标本较好做，干制方法先介绍；
花果枝叶略裁剪，分层压制利干燥；
压于吸水之草纸，三四天后纸换掉；
此时标本再整姿，正反美观有必要；
以后每天换一次，直至标本全干燥。

采集回来先分类，随后再填记录表；记下时间与地点，寄主植物标本号；
采集人员是哪个，留下姓名表功劳；标本编号有规定，十三位数要记牢；
前面六位代表县，区划代码莫乱调；七至九位是乡镇，最后四位流水号；
标签系在标本上，整理翻动难跑掉。

酒精浸制的昆虫幼虫标本

3. 影像资料采集与保存

影像拍摄有讲究，特征突出才优秀；图像清晰色彩正，景色别致有看头；照片采用 JPG 式，命名格式有要求；注明有害生物名（虫害要求注明虫态），寄主名称跟后头；采集地点省县乡，一一写明不能丢，随后标上年月日，拍摄人名排最后。数码摄像也欢迎，PAL 制式才接受。

影像资料标注示例

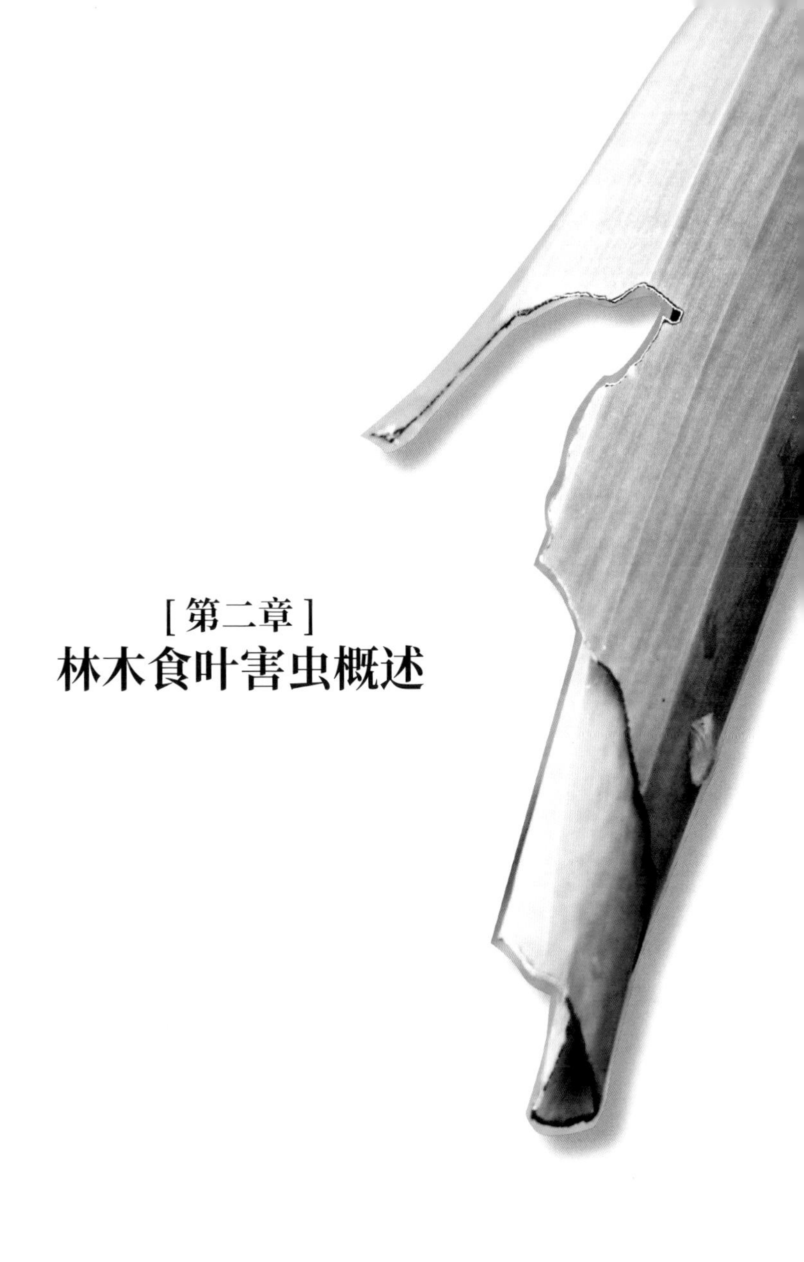

[第二章]

林木食叶害虫概述

第一节　林木食叶害虫的特点

食叶害虫啃树叶，造成创伤好识别；或啃叶肉留表皮，或全吃光或卷叶，机械伤口易观察，留下虫粪叶碎屑。树势衰弱难生长，产量减少收入绝；天牛蠹虫蛀干虫，乘火打劫树中歇；反复为害树死亡，如同火烧遍山野；景观破坏土流失，生态安全受威胁。

食叶害虫较特别，现把特点暂罗列：食叶害虫爱壮树，枝繁叶茂嫩树叶；叶嫩好咬营养多，咬碎叶肉靠咀嚼。大多虫体露在外，易受风雨寒威胁；虫口消长变化大，自然环境常制约；人为活动多影响，天敌捕食也直接；少数卷叶苞中躲，或蛀虫道叶中啮。触杀虫身较简单，可对虫身喷药液；不见虫体可胃毒，农药均匀喷树叶。食叶害虫产卵多，繁殖力强易猖獗；一年发生好几代，暴发成灾忽一夜。

食叶害虫有周期，消长分成四环节：初始阶段食料足，气温环境都优越；天敌数少威胁小，昆虫渐增难察觉。环境有利虫增长，增殖阶段随后接；天敌虽增难应对，受害扩大虫肆虐。猖獗阶段虫成灾，吃光叶片食枯竭；天敌闻讯蜂拥至，难以为继虫渐灭。衰退阶段是最后，昆虫减少行踪绝；树木昆虫两相伤，林木暂时躲一劫。

成群的银杏大残蛾几乎将这株古枫香树叶片吃光

林木食叶害虫是指那些以取食木本植物（乔木、灌木、部分藤本等）叶片来补充营养，维持生命的完成，对林木生长造成危害的有害昆虫。这类昆虫种类多、数量大，常将叶片咬成缺刻，或形成网状、卷叶、缀叶、潜叶、虫瘿等机械损伤，或将叶片全部吃光，造成林木营养不良，甚至死亡，并为天牛、小蠹虫等次期性害虫侵入为害创造条件。

松毛虫为害造成树势衰弱，为松褐天牛产卵蛀食创造了条件

与其他林木昆虫相比，有害食叶昆虫（以下简称食叶害虫）的发生有以下特点：

（1）取食叶片，削弱树势

食叶害虫的咀嚼式口器具有坚硬的上颚，能咬碎植物组织。很多食叶害虫喜欢选择枝叶茂盛嫩绿的林木产卵、取食。一般来讲失叶率在30%以下对树木影响不大，中等程度甚至严重失叶（50%～70%）连续两年或多年，径生长将降低70%～100%。严重失叶（70%以上）两年，次期性病虫害发生的可能性将大大提高，甚至造成死亡。

舞毒蛾为害直接将5月的枫树林换上了冬装

竹螟严重影响竹子的生长和观赏

（2）裸露生活，消长明显

林木食叶害虫绝大多数裸露在叶片上生活，少数卷叶、潜叶危害，其数量的消长受气候、人为活动、天敌等环境因子的直接影响较大，虫口消长明显。少数种群潜入叶内，取食叶肉组织，或在叶面形成虫瘿。食叶害虫体形普遍较大，容易看到，要控制也相对容易一些。

食叶害虫裸露在外容易被捕食

（3）繁殖量大，易发成灾

林木食叶害虫成虫繁殖力强，产卵量大而集中，有的一年发生多代，呈指数级增长。成虫能做远距离飞迁且多数不需要补充营养，幼虫也有短距离主动迁移扩散危害的能力。只要条件适宜能在短时间内急剧增长，扩大危害的范围，猖獗为害，短期内暴发成灾，被称为“不冒烟的森林火灾”。

苎麻珍蝶等食叶害虫繁殖力惊人

（4）周期为害，定时发生

林木食叶害虫的发生多具有阶段性和周期性，每年发生几代，每代发生的时间都有规律性，特别是第一代一般比较整齐。食叶害虫的发生发展一般经历 4 个阶段：初始阶段（准备阶段）：食料充足，气候温暖适宜，天敌数量不多，利于害虫发生，此时害虫数量不大，林木受害不明显，不易发现。增殖阶段：条件继续有利，虫口显著增长，林木受害面积扩大，已现被害征兆，但仍易被忽视；天敌相应增多。猖獗阶段：虫口暴发成灾，随后食料缺乏，小环境恶化，加之天敌数量增加，抑制作用加强。衰退阶段：虫口减少，天敌也随之他迁，或因寄主缺乏，种群数量大减，预示一次大发生的结束。每个大发生过程，通常一年发生 1 代的食叶害虫持续期约 7 年，一年 2 代的约 3 年半，而二年 1 代的则长达 14 年。

黄脊竹蝗从温暖向阳的地段向四周扩散

马尾松毛虫猖獗，松林枯黄如同火烧

（5）数量繁多，入侵扰民

马尾松毛虫、美国白蛾幼虫、蝗虫暴发时，为了觅食、越冬会进入村庄、居室造成扰民。刺蛾、枯叶蛾等蛾类幼虫身上长有带毒刚毛，触及皮肤会引起过敏、红肿受伤，甚至中毒。

长满坚硬毒刺的“洋辣子”

令人生畏的毒蛾

第二节 林木食叶害虫的野外识别

有虫依虫样，无虫心莫慌，调查小环境，观察危害状。树叶嫩嫩绿，吸收太阳光，调节小气候，制造树营养，小小食叶虫，危害何猖狂，昨日犹苍翠，今夜叶已光。食叶虫很多，分布也很广：蚕食叶之缘，蛾类叶峰蝗，噬叶成缺刻，转眼叶变样；粉蝶之幼虫，剥食叶中央，仅留大叶脉，叶片成鱼网；叶甲及瓢虫，蚀食叶肉香，留下上表皮，对月能透亮；潜叶蛾与甲，表皮中间藏，钻食成虫道，虫道弯如肠；巢蛾卷叶蛾，吐丝卷叶忙，缀叶呈虫苞，以苞为食堂，残留下表皮，卷叶呈枯黄；袋蛾织护囊，躲在囊中央，取食负囊行，越冬枝上绑；毛虫名天幕，结卵小枝处，环绕如顶针，卵块很清楚，幼虫喜群集，吐丝结网幕，白天栖网上，食叶夜外出，随着龄增长，渐移至枝粗，幼虫五龄后，分散离网走。

有效防治林木病虫害的前提是准确地识别它们，了解习性。依据虫形、为害状、发生规律（各虫态出现的时间、寄主等）以及残留物（叶屑、虫粪、虫蜕、卵壳、茧等）等加以识别，可以有的放矢，将灾害化解在萌芽中。

现场调查是了解食叶害虫的最好方法

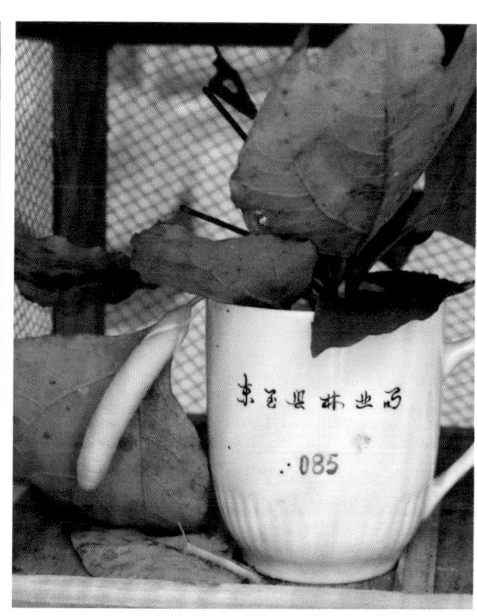

波纹蛾幼虫奇特，背有斑如同蝮蛇

（1）从虫形上区别

刺蛾幼虫腹足退化，呈吸盘状，头部缩在胸内，绝大多数种类身上有坚硬带毒的枝刺。蓑蛾（袋蛾）幼虫吐丝将植物枝叶碎片制成护囊，套在体外随身携带。尺蛾幼虫腹足只有两对，爬行时曲缩伸展虫体，呈“拱桥”状向前移动。螟蛾幼虫体细长脆弱，毛稀少，腹足 5 对，有些种类还擅长吐丝卷叶。毒蛾幼虫体上有毛瘤，着生较长的刚毛，一般第 6、7 腹节背面中央各有一翻缩腺，多数种类有刷状长毛簇。灯蛾幼虫体上虽也有毛瘤，但腹节上无翻缩腺，体毛密而长，分布均匀。天蛾幼虫尾部有一“小尾巴”（尾突），身体肥大无毛，圆柱形，有些种类体表光滑，有些粗糙多颗粒。夜蛾幼虫多数种类虫体较光滑，毛少而短，腹足一般 5 对，少数种类腹足 3 ～ 4 对，前 1 ～ 2 对退化。

袋蛾套有袋，识别不用猜

尺蛾幼虫用腹足抓住枝叶身体伸直，模拟枯枝

毒蛾幼虫有毛束和毛瘤

灯蛾幼虫毛密而长，分布均匀

头尾翘起如龙舟的自然是舟蛾幼虫

刺蛾的足吸盘状，身上有硬刺

鞘翅目中叶甲幼虫仅有 3 对胸足，无腹足，常群集为害；成虫体形长椭圆形，触角细长，丝状或近似念珠状，一般不超过体长。天牛成虫身体呈长圆筒形，背部略扁；触角丝状，常超过体长。金龟子成虫触角鳃叶状。少数叩头虫成虫也食叶，其成虫体狭长略扁，能够利用叩头动作蹦出很远。

苎麻双脊天牛等天牛成虫有长长的触角

叶甲的触角一般不超过体长

黄粉鹿花金龟等金龟甲的触角鳃叶状

核桃扁叶甲幼虫仅有胸足，腹足退化

叩头虫能够利用胸部构造叩头、弹跳

瓢虫背拱如“瓢”，植食性的鞘上有白色绒毛，捕食性的光滑

叶蜂幼虫形态虽与鳞翅目幼虫相似，但腹足多达 6 ～ 8 对，不过均已退化，尾部常翘起且末端向内勾。

叶蜂幼虫腹足退化，常将腹部弯成钩状

鳞翅目幼虫腹足一般 5 对，发达

蝗虫、蝼蛄、蜚蠊等为渐变态昆虫，其幼体称为若虫。若虫与其成虫在外观、习性方面都很相似，但翅与生殖器官均未发育成熟。

螽斯的若虫很像蝗虫，但触角很长

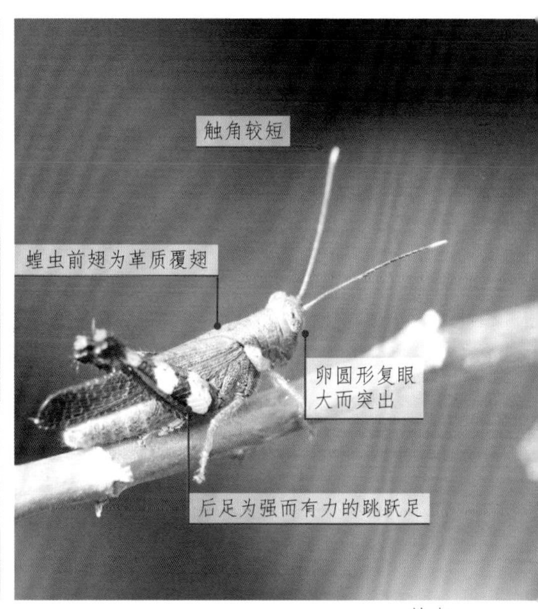

蝗虫

短翅佛蝗的若虫没有四翅，其他与成虫相似

短翅佛蝗的成虫

（2）从虫态上区别

蛾类、蝶类、叶蜂仅在幼虫期蚕食为害叶片，金龟子、天牛、芫菁仅在成虫期蚕食叶片，叶甲、蝗虫、螽斯、竹节虫、蜚蠊则幼虫、成虫均可取食叶片。

叶蜂幼虫沿叶缘蚕食叶片

四斑弧丽金龟将叶面吃得只剩叶脉

（3）从为害状上看

潜叶蛾、潜叶蝇、潜叶甲幼虫钻蛀到叶片表皮下蚕食叶肉，形成弯曲的虫道。发生卷叶蚕食的一定不是蝗虫、斑蛾、叶蜂所为害。

美国白蛾为害后留下的叶脉和网幕

柑橘潜叶蛾为害很容易识别

茶长卷蛾为害时将叶卷起

（4）从发生规律上区别

大叶黄杨长毛斑蛾一年发生 1 代，5 月初便结茧化蛹，再想见到幼虫需等到来年。而大叶黄杨尺蠖一年发生 3 ～ 4 代，幼虫一年出现好几次。

大叶黄杨尺蠖在 4 ～ 8 月均可发现幼虫

大叶黄杨长毛斑蛾幼虫仅在 5 月出现

（5）从残留物上区别

栎黄枯叶蛾的卵壳排成毛虫状长条；其茧侧面看似马鞍形，茧表面附有幼虫体表毒毛，依据大小可进一步区分雌雄。再例如根据地面上的虫粪可以初步判断食叶害虫种类，如天蛾幼虫体形大，其粪便粗大呈大圆柱形，并有纵沟裂；柑橘凤蝶的虫粪中空呈圆筒形。

柑橘凤蝶高龄幼虫虫粪呈中空的圆筒状

银杏大蚕蛾虫粪为圆柱状，具纵裂

第三节　林木食叶害虫的林间调查

1. 踏查

调查方法有多种，讲究科学与实用；基本方法有踏查，本次普查所依重；顾名思义路巡查，各类林分都走动。首先查找危害状，依据危害追行踪；找到源头在哪里，有害生物属哪种？被害植物叫什么，被害部位害可重？分布范围有多广，登记清楚莫糊弄。踏查时间有讲究，生物特性定行动；发生盛期显露期，易于发现常走动；重点区域是重点，廿天就要查一通；一般区域稍简便，卅天一次可掌控；普查范围全查踏，严谨全面莫放纵。踏查之前先准备，有地放矢人轻松；查阅档案问前人，访问咨询向林农；了解种类与分布，设计路线不盲从；踏查路线很关键，路线不当一场空；依据地形与地貌，林缘路边寻影踪；重点踏查港口边，口岸公路好交通；电线电缆新架设，人为干扰常严重；自然灾害频侵害，环境不良山脊穷；史上灾害频发地，踏查路线多沟通。

马尾松毛虫大量发生时，很容易通过踏查发现

2. 空中遥感监测调查 & 无人机航拍监测枯死松树

山高路远人难到，地处偏僻路不通；判读林冠异常区，遥感图像起作用；

勾绘小班定坐标，有的放矢省人工；
针对可能受害地，地面核查找病虫；
详查如同标准地，科学严谨首一宗。
航拍监测无人机，探索运用高科技，
调查松材线虫病，搞好试点提技艺，
搭载设备重量大，采用较大固定翼，
可以抵抗强气流，能够飞出远距离，
针对不同之海拔，选择高性能相机，
根据林相之不同，处理图像之差异，
通过系统之判读，自动生成新信息。

利用小型无人机巡查虫情，高效、精准又安全

国家级中心测报点设置固定标准地进行定点监测

3. 标准地调查 & 辅助调查

调查面积有要求，人工林 3‰是最低；
天然林类标准地，多于 0.2‰是累计；
种苗繁育之基地，多于 5% 之面积。
根干枝叶和果实，病害虫害咱先提；
调查先设标准地，每块三亩是面积；
寄主最少三十棵，调查卅株要随机；
抽取受害之部位，统计感病百分比；
填好调查记录表，感病指数莫忘记。
调查种实害虫法，具体方法有差异；
五十公顷以下班，设立一亩标准地；
每当增加十公顷，增设一块标准地；
抽样采用对角线，抽查五株挺随意；
每株树冠上中下，分别采种几十粒；
解剖调查被害率，填入表格好统计。
地下害虫调查法，挖坑调查也容易；
同一类型之林地，设立一块标准地；
它的面积是三亩，挖坑三个是最低；
坑深直至无害虫，见方一米或半米。
有害植物调查法，面积三亩是统一；
针对侵占林地类，调查盖度好分析；

对于藤本攀援类，寄生缠绕把树欺，
受害株率多调查，调查盖度也可以。
调查林业鼠兔害，受害几率先登记；
设置 15 亩标准地，选择样株莫随意；
对角线法较普遍，调查百株有道理；
受害死亡共多少，鼠兔密度早获悉。
最后一种辅助法，诱集昆虫来调查；
诱虫灯儿引诱剂，诱捕器儿也不差；
根据数量与种类，分析虫情效果佳。

在临时标准地中进行黄脊竹蝗卵期调查

林木食叶害虫的林间调查可分为日常巡查、定点调查和专项普查。日常巡查包括人工地面踏查、无人机低空巡视检查、高空卫星航拍监测等。定点调查就是根据林分情况设立临时或固定标准地，以点代面的调查虫情实时动态，在划定的标准地（样地）内，调查害虫的数量，计算出害虫的虫口密度（单位害虫数）。根据虫口密度确定虫灾的严重性、危险性做出趋势预测，并因地制宜地制定防控方案，避免灾害的发生。专项普查指对专一的一种或一类有害生物进行普遍调查，如松材线虫病普查、美国白蛾普查等。

具体的调查方法，可根据所要调查的主要林业有害生物的习性、环境，因地制宜选用其中任意一种或两种方法组合进行，以判定为害程度，预测发展趋势，并制定切实可行的应对措施。

（1）阻隔法

利用有害昆虫在树干上有规律上下爬动的特点，通过在树干设置阻截障碍或触（毒）杀，从而达到掌握虫口密度或防治害虫的目的。如塑料环（碗）法、毒环法、粘带环法等。

越冬代马尾松毛虫调查

在臭椿树上调查斑衣蜡蝉

剪取 50 厘米长的标准枝，调查上面的虫口数量

（2）标准枝法

在树冠的上、中、下层，分别从东、西、南、北四个方向剪取一个 50 厘米长的标准枝，统计标准枝上的虫口数量，整株树的枝条盘数与 12 个标准枝的平均虫口数的乘积即为标准株的虫口密度。

矮小的灌木可直接调查虫口密度

（3）直查法

直接调查虫口数量，直接查数法适用于被害树木矮小、目标害虫体形大且不爱活动的虫种，例如大叶黄杨长毛斑蛾、柑橘凤蝶等。

利用智能虫情测报灯调查

（4）捕捉法

在树冠垂直投影面积内的地面上铺塑料布，振动树干，使具有假死性的害虫落于塑料布上，然后统计并记录塑料布上的虫口数量；或利用黑光灯对具有趋光性昆虫进行诱捕计数；或利用性信息素芯诱捕器、糖醋液、新鲜草堆诱捕有害昆虫并计数；或定期网捕迁飞性昆虫等。

第四节　林木食叶害虫的管理防治

食叶害虫危害大，暴露在外好灭杀。管理措施讲综合，营林工作首先抓：
培育森林要健康，贴近自然能抗压；乔灌结合复层冠，生物多样少出岔。
乡土树种适应强，适地适树最起码；品种多选抗虫型，混交栽植树种杂。
良种壮苗是基础，杜绝虫源严检查。精耕细作树健壮，整形修剪锦添花。
虫情监测排其次，日常巡查网格化；定点详查点代面，防微杜渐赖观察。
结合调查做预测，未雨绸缪早谋划；善待天敌在平时，自然控制效果佳；
招引益鸟放益虫，生物制剂多喷洒。利用趋光趋化性，灯光食饵虫诱杀。
幼虫成虫卵茧蛹，物理消灭想办法：利用假死虫振落，卵蛹不动钝器砸；
有虫越冬爱温暖，树干包草诱集它，春前收齐埋或烧，安全有效顶呱呱。
有虫越冬住地面，开春再向树上爬；利用薄膜裹树干，光滑难爬引尴尬。
有虫越冬在土里，灌水翻耕脚践踏。虫少害轻若无毒，摘叶网捕镊子夹。
化学防治是应急，治早治了小代价；初孵幼虫抗性弱，发生整齐易拿下；
阴天喷烟燃烟包，晴天早晚雾喷洒；树干涂抹设毒环，打孔注药树高大。
治透防漏防药害，安全工作心中挂。

化学防治马尾松毛虫

林木食叶害虫防治要坚持以营林为基础，坚持“预防为主、综合防治”，充分发挥森林生态系统的自我控制、调节潜能，培育“健康”森林。具体方法无非是从植物检疫、营林管理、物理消灭、生物干预、化学除治等方面着手，最终将害虫种群控制在初始的低水平阶段，使害虫种群保持在相对稳定的状态，达到“有虫不成灾”的效果。

（1）检疫措施

植物检疫是通过法律、行政和技术手段，防止植物及其产品在流通过程中人为传播有害生物，把危险性有害生物拒之于外或消灭在扩散之前的植物保护措施，它可以起到防患于未然和保护生态平衡的作用。

调运检疫，御虫于外

产地检疫，封锁于内

（2）生物措施

通过保护、招引、释放（包括喷洒）捕食性或寄生性天敌或生物制剂来防治林木害虫的方法，如保护蜘蛛、蛙、蟾蜍、刺猬和天敌昆虫等，招引鸟类，释放寄蜂、赤眼蜂，饲养家禽，喷洒青虫菌、苏云金杆菌、多毛菌、赤座霉菌和虫霉菌以及核型多角体病毒、颗粒体病毒等生物制剂。其中天敌昆虫主要有：螳螂、姬蜂、细蜂、肿腿蜂、小蜂、赤眼蜂、茧蜂、青蜂、土蜂、胡蜂、蚂蚁、捕食性瓢虫、芫菁幼虫、步甲、虎甲、寄蝇、食蚜蝇、头蝇、益蝽、猎蝽、盲蝽、花蝽、长蝽、蜻蜓、豆娘、草蛉、鱼蛉、褐蛉、蝶角蛉、泥蛉、粉蛉等。

招引麻雀，捕食害虫

多刺蚁捕食食叶害虫

寄生致死的天蛾幼虫

被白僵菌感染致死的甲虫

（3）营林措施

通过营林手段和栽植技术促进林木的健康生长，改善生长环境，增强寄主种群的抗病虫能力，并限制病虫害的侵染、繁殖、传播扩散，以达到控制病虫害发生的目的。如适地适树来选择适合本地环境的良种壮苗；严格苗木及林产品的调运检疫和产地检疫，防止病虫害传播扩散；大力保护天然林，尽量避免大面积营造人工纯林，应根据当地自然条件和社情精心规划，科学栽植，细心管护，加强土、肥、水、光、气、热管理，培育混交、复冠、异龄、乔灌草结合的健康林分。适时抚育、修剪，清理病树、死树、弱树、弱枝、枯枝落叶及杂草杂物，并集中销毁，消灭藏匿其中的有害生物等等。

培育异龄、复层、混交、乔灌结合的健康森林

翻耕、施肥、杀灭地下虫源

在毛竹林缘栽植白花泡桐，招引红头芫青，利用其幼虫消灭竹蝗虫卵

在杨林中混入少量构树诱集天牛取食、产卵，便于集中杀灭

（4）物理措施

利用各种光、热、电、温度、湿度、放射能、声波、力等物理手段及机械设备、工具将食叶害虫控制在暴发期前。常见的有罩网、阻隔、人工捕捉、杀虫灯或黄板诱捕、束草诱集、夹、捏、砸、刺、翻、晒、刮、摘、冻、淹等等。

太阳能杀虫灯收获不小

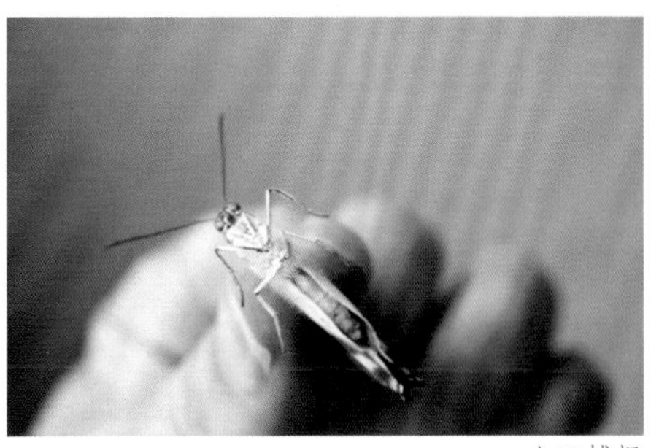
人工捕捉

深秋树干束草诱集昆虫越冬，并可保温防寒

冬季树干涂白可以消灭藏匿其间的病虫害

（5）化学措施

指用各种有毒的化学药剂来灭杀林木食叶害虫的方法。主要有喷、撒、灌、拌、熏、注、涂等。此方法快速高效、方法简单，便于大面积操作，但容易引起环境污染、药害，增强病虫抗药性，破坏生物多样性等不良反应。在防治药物选择上尽可能使用环境友好型的灭幼脲等生长调节剂、苦参碱等生物源农药以及高效低毒、低残留的胃毒型、触杀型、内吸型杀虫剂。要坚持科学用药，合理轮换用药，最大限度地减少农药的使用量和使用次数。

远射程喷雾

喷雾灭杀

高大树木可打孔注药防治，注射点宜选在背阴处，防止药液暴晒

利用无风的早晚燃放烟剂灭杀刚竹毒蛾

[第三章]
鳞翅目林木食叶害虫

第一节　鳞翅目昆虫识别

1. 识别口诀

鳞翅目，翅有鳞；蛾与蝶，是嫡亲；鳞绘纹，组图形。全变态，四过程：其幼虫，呈蠋型；大多数，植食性；有趾钩，腹足生。是被蛹，较分明。其成虫，善飞行；其口器，虹吸型；复眼大，亮晶晶；两单眼，蛾特性；蝶单眼，难查寻；无尾须，要记清。

虎斑蝶

太平粉翠夜蛾背面斑纹似“平”

金裳凤蝶的胸足和腹足明显不一样

斜纹天蛾幼虫的腹足上有跗掌和趾钩

白弄蝶的幼虫萌萌的

满身有刺的斐豹蛱蝶幼虫显得艳丽、生猛

鳞翅目昆虫包括蛾类与蝶类。其成虫四翅、体及附肢上布满鳞片，口器虹吸式或退化。幼虫蠋形，口器咀嚼式，身体各节密布分散的刚毛或毛瘤、毛簇、枝刺等，有腹足 2 ～ 5 对，以 5 对者居多，具趾钩，多能吐丝结茧或结网。蛹为被蛹。卵多为圆形、半球形或扁圆形等。

鳞翅目幼虫头部示意图

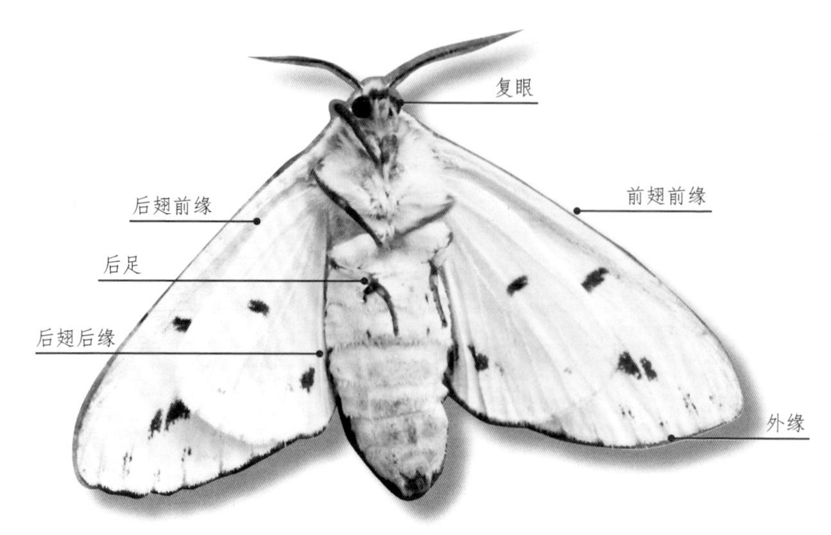

鳞翅目成虫结构示意图

鳞翅目昆虫为全变态，一生经历卵、幼虫（毛毛虫）、蛹、成虫（蝶或蛾）4个虫态。

刚竹毒蛾卵块

刚竹毒蛾幼虫

刚竹毒蛾茧

刚竹毒蛾成虫

2. 蛾与蝶的区别口诀

飞蛾与蝴蝶，区分有口诀：蛾蝶鳞翅目，鳞粉翅上携；蛾鳞易脱落，难掉是蝴蝶。蝴蝶之触角，锤状好识别；飞蛾之触角，多样看真切；丝状羽毛状，触角分多节。翅膀宽而美，漂亮常是蝶；飞蛾颜色少，灰黑唱主角；体上绒毛多，翅膀常窄些；整体灰蒙蒙，看后心不悦。蛾蝶休息时，翅膀有差别；蛾类平展放，蝴蝶翅折叠；蝴蝶立背上，蛾呈屋脊斜。蝴蝶腹瘦长，腹肥归蛾列。飞蛾化蛹时，同时把茧结；蝴蝶多裸蛹，虫蛹暴于野。飞蛾爱扑火，趋光性难戒；香气和鲜花，蝴蝶难拒绝。蝴蝶白天飞，飞蛾爱黑夜；晚上到处飞，一定不是蝶。

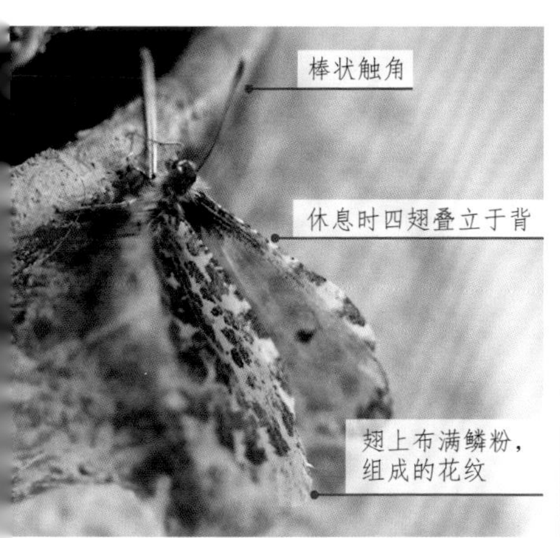

被誉为最美粉蝶的橙翅襟粉蝶仅在三四月间短暂出现

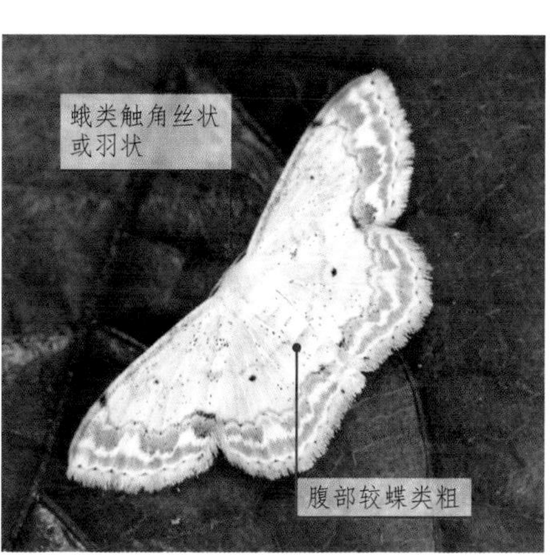

蛾类白天躲在隐蔽处休息时，四翅多平铺

本地最大的蝴蝶——箭环蝶

灰蝶为中小型蝴蝶，前翅表面色泽常艳丽而有荧光，后翅有尾突以迷惑天敌

石榴茎窗蛾垂直站立在叶片上休息

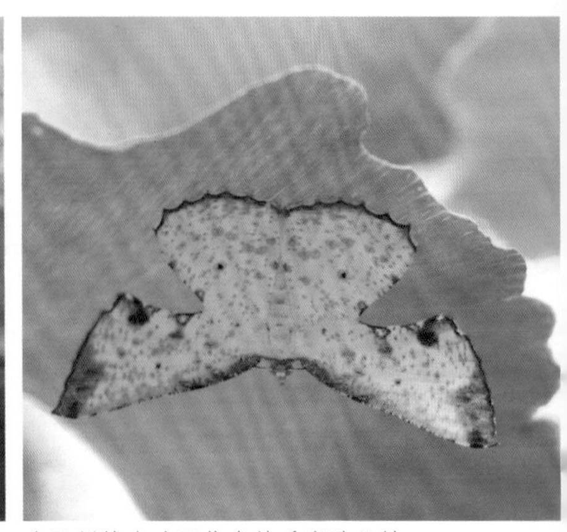
白天倒挂在叶下休息的毛穿孔尺蛾

3. 防治方法

（1）加强植物检疫，防止卵、蛹、幼虫等虫源随森林植物及其制品、土壤或交通工具等传入或扩散。

（2）保护生物多样性，善待、保护、招引、投放赤眼蜂、胡蜂、寄蝇、益蝽、草蛉和鸟类、蛙类等天敌。害虫虫口密度不高、分布不广时，尽量不施用广谱性化学杀虫剂，多喷施白僵菌、青虫菌、苏云金杆菌（Bt）等生物制剂，或灭幼脲、除虫脲等生长调节剂，或卵期释放赤眼蜂。提倡林下适度科学养殖家禽捕食并破坏其生存环境。争取以虫治虫、以鸟治虫、以菌治虫，将食叶害虫虫口密度控制在安全范围之内，达到“有虫不成灾”之目的。

（3）保护天然林，营造混交林，不大面积培育纯林，加强土壤、树体、环境管理，适时开展清园、刮粗老树皮、树干涂白、剪除病虫枝叶、设置毒环、堵树洞缝隙、翻耕挖蛹、抚育间伐等营林活动，保持林间、冠内的洁净和通风透光，创造不利于害虫生长的环境，增强林木抗病虫能力，培育健康林木和林分。

（4）结合平时管理（翻耕、修剪等）和虫情调查，人工寻找并摘（剪）除少量发生的幼虫、卵、蛹、茧、虫苞，集中烫死、焚毁、碾压、击碎、深埋或投喂家禽。对于有毒的刺蛾、毒蛾等昆虫，采集时应避免触及皮肤，防止蜇伤。

（5）对于沿树干爬行入土越冬、化蛹的食叶害虫，可在越冬或化蛹前用稻草或干杂草，绑在树干或主枝上，诱集幼虫越冬或结茧化蛹，然后收集草把焚烧、碾压。在确保人畜安全的前提下，也可以利用绿色威雷触破式微胶囊水剂、20% 杀灭菊酯在树干上喷涂闭合宽环毒杀爬经的食叶害虫。

（6）冬季清园，清除枯枝落叶、杂草石砾等杂物。对树冠下 1 米范围内的土壤翻土 10 ～ 20 厘米，搜捡蛹、茧等虫源并集中杀死，或让其暴露冻死、病死，或被捕食，大幅降低越冬虫源密度。

（7）对于部分受惊扰垂丝下落或假死性较强的鳞翅目幼虫，可于阴晴天气的早晚，在树冠下铺上薄膜、白布等，猛击或摇动枝干，振落幼虫后集中灭杀或投喂家禽，防止其逃逸。

（8）成虫孵化期至产卵前，用杀虫灯、诱捕器、诱饵、糖醋液（糖：醋：酒：水 =3 ：4 ：1 ：2 加少量敌百虫）等诱捕或网捕成虫，减少产卵机会。糖醋液配好后倒进盆或瓶等容器，至体积的 1/2，然后将其悬挂在树上，每树挂 1 ～ 2 个，注意更换下来的醋液不能直接倒入附近土壤中，应带出林地集中处理。

（9）加强虫情监测，一旦发现虫口密度偏高，尽早于孵化盛期至幼虫 3 龄之前，选择青虫菌粉剂，或灭幼脲III号、印楝素乳油、除虫脲悬浮剂、阿维菌素乳油、吡虫啉可湿性粉剂等触杀剂、胃毒剂叶面喷雾，视防治效果连续换药喷施 2 ～ 3 次，每次间隔 7-14 天。对于在柑橘、枇杷等果树上使用农药时还应注意安全间隔期，防农药残留超标。若采取飞机大面积超低剂量喷雾，可选择氯虫苯甲酰胺悬浮剂或灭幼脲III号悬浮剂等。对于远离村庄且郁闭度在 0.6 以上的林分，选择晴而无风、气压较低时的早晚燃放苦参碱烟剂熏杀，或用烟碱·苦参碱乳油与柴油按 1：9 ～ 10 比例混合进行喷烟防治。对于四旁零星高大树木，特别有必要时，在树干 1-1.5 米高处不同方向打 3 ～ 4 个孔，注入适量内吸性强的氧化乐果或甲维盐等药剂，用湿泥封好注药口，达到治早、治小、治了的目的。防治要注意均匀彻底和统防联治，防止遗漏和药害的发生。

秋季树干涂白

早春对藏虫较多的树盘进行灭杀处理

第二节　蝶类食叶害虫

1. 青凤蝶

【识别口诀】青凤蝶，啃樟叶；幼虫时，体绿色；后胸上，两肉楔；有黄线，相连接。淡绿蛹，化为蝶；黑翅膀，好识别；青蓝斑，排一列；后翅斑，似新月。

【防治口诀】遇见幼虫，随手解决；产卵叶尖，用手摘捏。冬季管理，蛹多检阅；防止产卵，成虫捕绝。主枝之下，幼枝萌蘖；虫爱寄生，剪去直接。保护天敌，益蝽鸟雀。虫口较多，熏烟喷液；灭幼脲类，生长制约；连续两次，十天间隔；避开雨天，莫要松懈。

【形态特征】又叫樟青凤蝶，属于鳞翅目凤蝶科。初龄幼虫暗褐色，末端白色；随虫龄增长体色渐淡，4 龄时转为绿色；老熟幼虫中胸突起变小，后胸突起增大为肉瘤状，中央出现淡褐色纹，1 条黄色横线连在两瘤之间。蛹青绿色，极像卷起来的叶片。成虫黑色或浅黑色，前翅有 1 列青蓝色的方斑，从顶角内侧开始斜向后缘中部，从前缘向后缘逐斑增大。

成虫具有一列青蓝方斑

卵

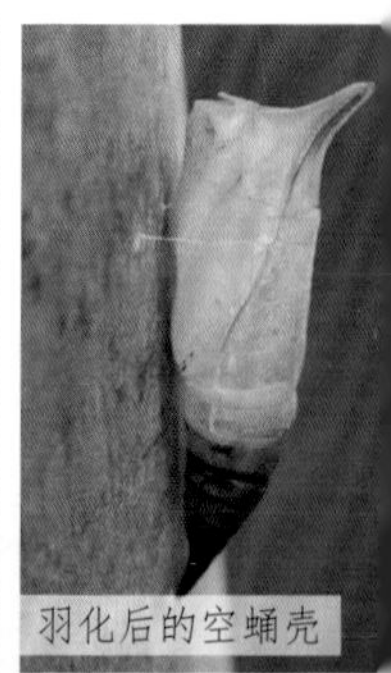
羽化后的空蛹壳

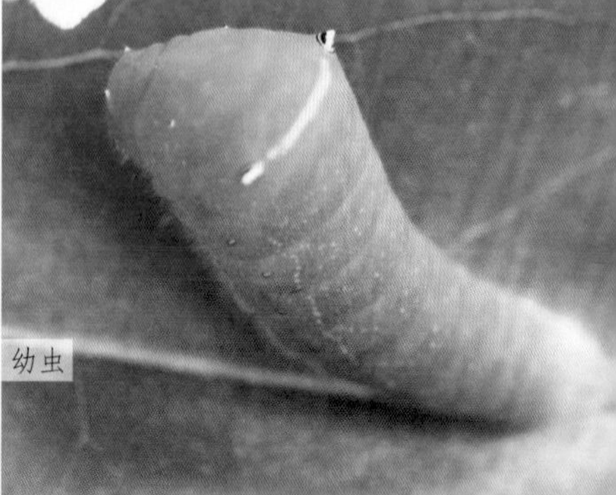
幼虫

2. 玉带凤蝶

【识别口诀】玉带凤蝶，雌雄有别；雄蝶黑色，有斑一列；横贯全翅，斑互连接；形似玉带，易于识别。雌蝶多型，变化大些；或有玉带，神似雄蝶；唯翅反面，红斑如月。或有条斑，红白并列。或斑全红，也作了解。

【防治口诀】凤蝶虽漂亮，防治还得讲：幼虫手工捉，成虫捕用网。摘除卵与蛹，天敌多护养。管理土肥水，修剪枝舒朗；通风枝叶壮，害虫难躲藏。虫多欲成灾，农药请上场；菊酯灭幼脲，喷洒同平常。

【形态特征】属于鳞翅目凤蝶科，幼虫取食柑橘类、花椒、山椒等芸香科林木的叶片。幼虫共 5 龄，其中 1 ～ 3 龄体上有肉质突起和淡色斑纹，似鸟粪；老熟幼虫油绿色，前胸有 1 对紫红色臭腺角，受惊时伸出如蛇信，并发出浓烈的臭味；后胸与第 1 腹节愈合，两侧有黑色眼斑。雄成虫黑色，有尾突，前翅外缘有一列向顶角由大至小排列的白斑，后翅中区有 7 个横列白斑，外缘或配有红色新月形斑纹，翅的正反面斑纹相似。长江流域一年发生 3 ～ 4 代，世代重叠。

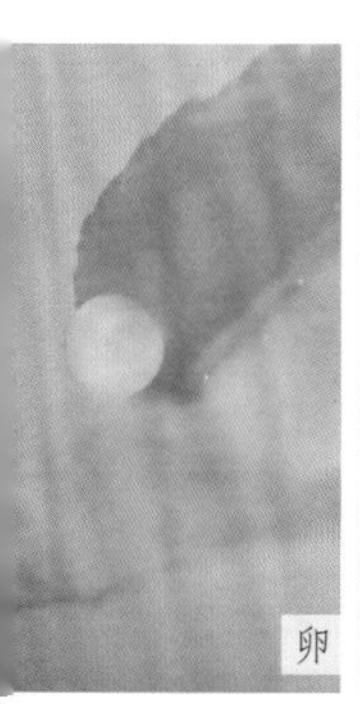
卵

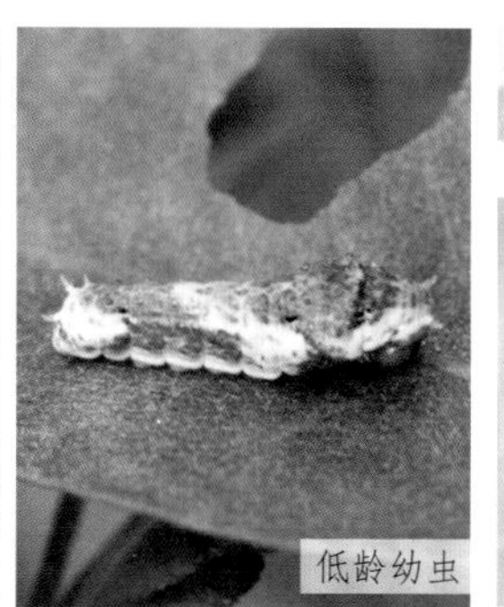
低龄幼虫

雌蝶似红珠凤蝶，但腹部无红斑

高龄幼虫

雄蝶白色的“玉带”缠腰，非常好认

3. 柑橘凤蝶

【识别口诀】柑橘凤蝶，爱啃橘叶；前胸如头，眼斑妙绝；受惊吐角，臭气浓烈；黄如蛇信，把敌告诫。

【防治口诀】每年以蛹越冬，通常三至四代；幼虫蜕皮四次，夜间取食繁忙；成虫访花吸蜜，产卵叶尖芽上。幼虫十分相像，习性基本一样；防治柑橘凤蝶，玉带凤蝶参仿；说到防治方法，重在早治统防；多用无害手段，少用农药帮忙。

【形态特征】属于鳞翅目凤蝶科。幼虫形态、习性与玉带凤蝶相似，区别在于柑橘凤蝶幼虫低龄时期颜色偏黑，身体表面棘突较多，白色条带非常明显，头部黑色有几个白色点状物；而玉带凤蝶幼虫低龄时颜色偏土黄，身体表面稍光滑，头部纯黄者。玉带臭腺角为赤紫色，而柑橘是橙黄的；玉带凤蝶幼虫的足上方有白色花斑，而柑橘凤蝶幼虫足的上方是黄色花斑；玉带凤蝶蛹是暗褐色，柑橘凤蝶蛹是近菱形暗绿色。幼虫老熟后均在隐蔽处吐丝做垫，以尾趾钩钩住丝垫倒悬化蛹。

4. 碧凤蝶

【识别口诀】碧凤蝶，真漂亮；黑身体，黑翅膀；有亮鳞，闪绿光；蓝亮鳞，后翅上；后翅缘，着重讲；六个斑，飞鸟样；或粉红，或蓝妆；在臀角，看端详；粉红斑，半圆相；其尾突，戴黑框。

【防治口诀】可参考玉带凤蝶防治口诀。

【形态特征】属于鳞翅目凤蝶科，幼虫取食柑橘类、花椒、黄檗等林木的叶片。低龄幼虫如鸟屎；老熟幼虫暗绿色，腹面白色，体表光滑；膨大的胸部模拟蛇头，具眼形斑和黑色曲线状条纹，受惊伸出黄色的臭腺角。老熟幼虫在叶片背面吐丝化蛹，使叶片卷曲。以蛹在隐蔽处越冬。成虫硕大，前翅三角形，后翅外缘波状曲折；体翅黑色，前翅端半部色淡，翅脉间多散布金黄色或金蓝色或金绿色鳞，后翅亚外缘有 6 个粉红色或蓝色飞鸟形斑；臀角有一个半圆形粉红斑，翅中域特别是近前缘有大片蓝色区，反面色淡；尾突有蓝色及绿色亮鳞，边缘有黑色鳞组成的黑框。成虫飞行迅速，喜访花吸蜜。卵散产于寄主的叶背面或小枝枝丫处，多一叶一卵。

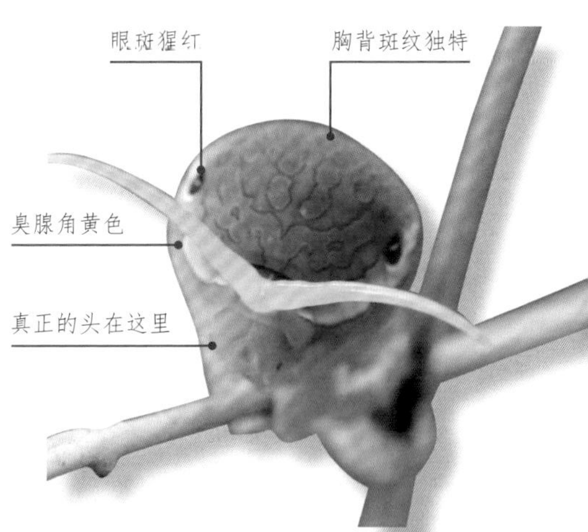

5. 蓝凤蝶

【识别口诀】黑色蓝凤蝶，无“尾”蝶特别；前翅无斑纹，后翅红斑列。幼虫鲜绿色，文气身自携；褐斑如笔架，腹部背面贴。

【防治口诀】可参考玉带凤蝶防治口诀。

【形态特征】又叫乌凤蝶、无尾黑凤蝶等，属于鳞翅目凤蝶科，幼虫取食柑橘、花椒、枸橘、两面针等林木的叶片、嫩梢，严重时将整株叶片吃光。1 龄幼虫头部黑色，胴部（胸部和腹部之和）黑褐色；5 龄时体鲜绿色，后胸背有齿状纹及环状纹，眼形斑黑色；前胸前缘臭腺角伸出时橙红色；腹部第 4 ～ 5 节两侧有茶褐色斜带纹延伸到第 5 节背面相接，第 6 节两侧茶褐色斜带纹延伸到背中线相接形成笔架状斑纹，第 8 ～ 9 节有茶褐色斜带。成虫大型，雌雄异型；雄蝶翅展 90 毫米，体黑色，前翅几乎全为蓝黑色，无斑纹；后翅臀角有红斑。雌蝶翅展 110 毫米，后翅正面臀角外围有带红环的黑斑 1 个及弧形红斑 1 个，臀角弧形红斑比雄蝶发达。卵散产于嫩芽的叶片上，初产为乳白色，后转淡黄色，孵化前灰黑色。

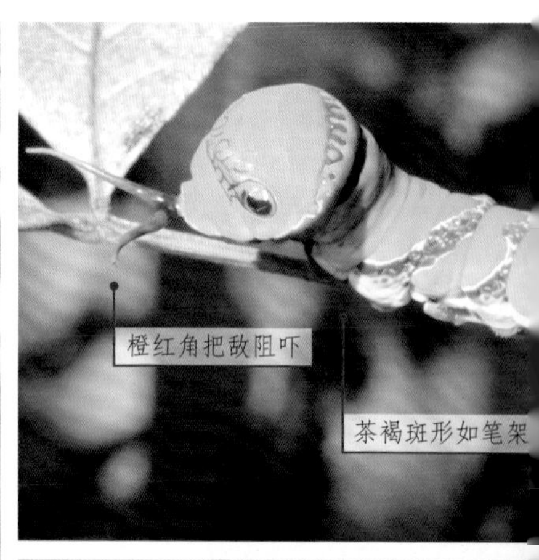

6. 美姝凤蝶

【识别口诀】美姝凤蝶绿油油，胸部膨大如蛇头；黑色眼斑有两个，粗带相连细探究；背上“V”字暗褐色，伸出腺角黄而臭。

【防治口诀】可参考玉带凤蝶防治口诀。

【形态特征】属于鳞翅目凤蝶科，幼虫取食枳、芸香、野花椒、臭常山等林木的叶片。末龄幼虫光滑无毛，前胸背板、腹背淡青绿色；前胸前缘淡绿色，两侧呈钝角状突出，臭腺角黄橙色；后胸亚背线上有1对眼状斑和细线纹，眼斑之间有暗褐色粗带相接；第1腹节后缘有1条粗的褐色带，1对暗褐色带从第3腹节的基线斜伸到第5腹节后缘的背线上合成“V”字。成虫属大型蝴蝶，全身以黑色为主，后翅狭长，外缘呈大锯齿状，有离散型红斑，有点类似麝凤蝶，区别在于其躯干为黑色，麝凤蝶的胸腹部有红斑。一年发生多代，世代重叠，以蛹在枝叶间越冬。成虫飞翔姿态优美，喜访花吸蜜。雄蝶飞行较快，雌蝶飞行速度缓慢、优雅。

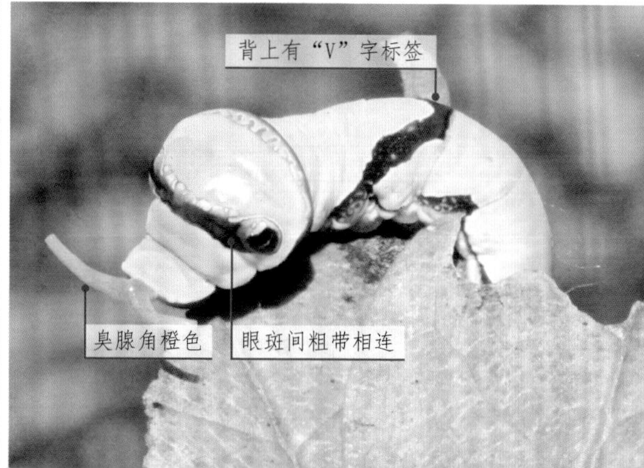

7. 白带螯蛱蝶

【识别口诀】白带螯蛱蝶，幼虫很特别；头如四角龙，圆斑背上贴；尾部渐渐细，分成八字撇；哪里能找到？秋季樟树叶。

【防治口诀】幼虫很可爱，消灭徒手逮；收集蛹和卵，杀灭搁一块；利用糖醋液，水果用烂坏；诱集蝶取食，网捕也不赖；鸟雀赤眼蜂，天敌要善待；虫多喷农药，多选无公害。

【形态特征】又叫茶褐樟蛱蝶，属于鳞翅目蛱蝶科，以幼虫取食樟树、油樟、天竺桂等林木的叶片为害，造成叶片残缺。末龄幼虫体色深绿，头部后缘有浅紫褐色骨质突起的四齿形锄枝刺；第 3 腹节背中央镶 1 个圆形淡黄色斑；腹部后端渐细，分成八字形。幼虫除在取食期间外，其余时间均固定栖息在叶片正面。成虫翅展 65 ～ 70 毫米，体背、翅红褐色，前、后翅后缘近基部密生红褐色长毛，前翅外缘及前缘外半部带黑色，中室外方饰有白色大斑，后翅有尾突 2 个，成虫飞行能力强，常飞至树木伤口、动物粪便处吸食汁液补充营养。以老熟幼虫在叶正面越冬，卵散产于暗绿色老叶正面。

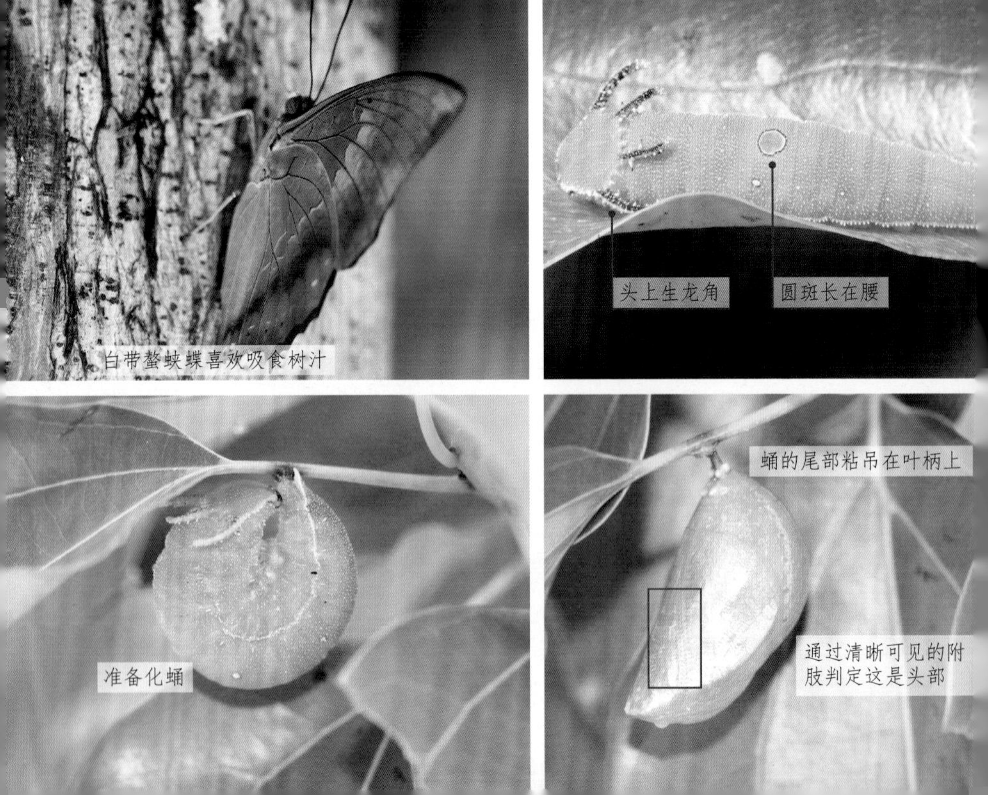

白带螯蛱蝶喜欢吸食树汁

准备化蛹

8. 银白蛱蝶

【识别口诀】银白蛱蝶不爱花，吸取树汁林中耍；翅之反面银灰色，正面颜色褐如茶，前翅白点有四个，后翅两个好观察。

【防治口诀】可参考白带螯蛱蝶防治口诀。

【形态特征】属于鳞翅目蛱蝶科，为我国所特有，幼虫取食榆科朴属少数几种林木的叶片。幼虫身体大致呈扁圆柱形，较柔软；头扁圆形，正面为三角形的唇基，额区较窄，在唇基上呈“人”字形，口器红褐色。成虫体翅背面茶褐色，前翅各有4个白色斑点，后翅近前缘中部有2个白点；体翅腹面、足银灰色。一年发生2代，以四龄或五龄幼虫越冬，幼虫死亡率极高。成虫喜吸树汁，飞行较迅速，路线较规则，常活动于林缘及林内树丛中。卵产于寄主植物叶片的正面，极少数在叶片背面。

留心四白斑，识别不算难

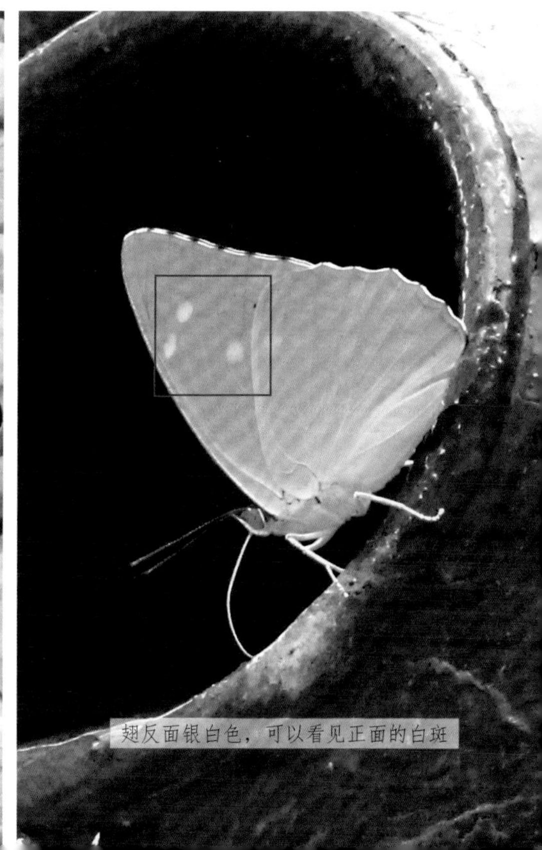

翅反面银白色，可以看见正面的白斑

9. 柳紫闪蛱蝶

【识别口诀】柳紫闪蛱蝶，拟色把叶学：幼虫嫩嫩绿，颗粒排排列；头有一对“角”，尖尖是尾节；有线似叶脉，白色向上斜。

【防治口诀】蝴蝶虽然美，幼虫是累赘；蚕食杨柳叶，过多要应对：人工除幼虫，蛹卵手捏碎；幼虫营养高，鸡鸭可投喂。利用糖醋液，诱蝶力不费；无蝶难有卵，无卵幼虫没。保护其天敌，益虫和鸟类。幼虫数量多，喷药来保卫；可选灭幼脲，或者菊酯类；树高可注药，熏烟防风吹。

【形态特征】属于鳞翅目蛱蝶科。老熟幼虫草绿色，身体略呈圆柱形，有成排的小颗粒；头上有一对角状突起，端部分叉，腹部尾节向后尖突成锥状，气门上线白色，其中腹部气门上线斜向上。成虫前翅三角形，侧缘向内弧形弯曲，翅黑褐色，在阳光下会发出强烈紫色闪光，前翅约有 10 个白斑，中室内有 4 个黑点，与紫闪蛱蝶的区别在于其后翅白横带无尖突。北方一年发生 1 代，长江流域 3 代，以幼虫吐丝潜伏于树干缝隙内越冬。卵多散产于叶片正面靠近主脉处。

与指角蜂争夺树汁

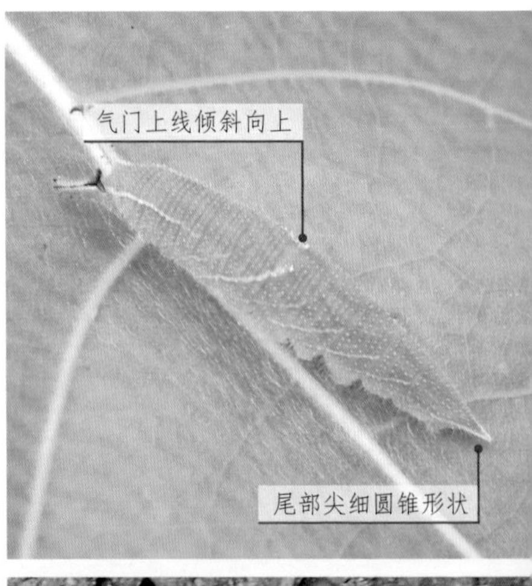

吸食从天牛蛀孔中渗出的杨树树汁

10. 琉璃蛱蝶

【识别口诀】 幼虫一看便难忘，淡黄枝刺排成行；身长花纹色斑驳，橙斑长在刺基旁。

【防治口诀】 琉璃蛱蝶爱菝葜，菝葜遇它头就大。防治首先赖环境，天敌多了它也怕。诱捕网捕是成虫，防止它把卵产下。科学营林重管理，平时虫情勤调查；枝刺坚硬布身上，虫少捕夹防被扎；幼虫多了防成灾，赶在低龄药喷洒。

【形态特征】属于鳞翅目蛱蝶科，幼虫取食菝葜类植物的叶片。幼虫胴部（胸部和腹部）有淡黄色枝刺环状排列，枝刺端部黑色，基部附近为橙色斑。成虫翅膀表面深蓝黑色，亚顶端有一个白斑；有一条淡水蓝色带状斑纹纵贯前后翅，在前翅端分为“Y”状；翅膀腹面斑纹杂乱，以黑褐色为主，后翅反面中央有 1 枚小白点。卵产在菝葜类植物叶背。以成虫越冬，在气温高于 10℃的晴天便有机会遇到它。

淡黄白色枝刺顶部黑色，基部有橙色斑

后翅反面中间有一小白点

淡水蓝色带贯穿前后翅

11. 黑脉蛱蝶

【识别口诀】幼虫头顶有对角，几个小刺角上找；头侧各有三黄刺，正面白斑是两道；腹部背面后胸背，肉质突起微微翘。

【防治口诀】黑脉蛱蝶虽然美，幼虫多了朴受罪；说到防治平时抓，遇见虫源随手废；冬季清园修枝忙，收集枝叶火焚毁。诱捕网捕其成虫，制成标本卖得贵。保护天敌遵自然，天敌治虫人不累。虫多幼龄早化防，高效低毒优先推；喷雾喷粉或烟熏，地防飞防细准备。

【形态特征】属于鳞翅目蛱蝶科，幼虫取食朴树、珊瑚朴等榆科朴属林木的叶片。成虫口器嫩黄色，翅淡绿色，翅脉黑色，前翅有几条横带，留出的淡绿部分呈斑状。后翅臀角附近有4～5个红斑，有的斑内有黑点，外缘后半部微向内凹，雄蝶尤为明显。老熟幼虫体绿色，头部有1对角状棘刺突，顶端分叉；头部正面有两道白斑，侧面还各有3个黄色的小刺。后胸背、第2、4腹节亚背线上各有一小肉突。卵多散产于寄主叶面。一年发生2～3代，以4～5龄的幼虫在落叶中或枝干上越冬。

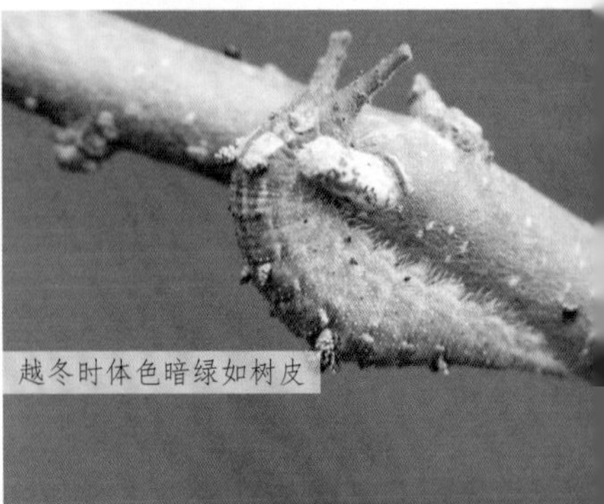

12. 蒙链荫眼蝶

【识别口诀】四圆环相连如“链”，链位于前翅反面；链上下各有条纹，亚外缘四斑如眼；后翅上七个眼斑，大而圆镶有黄边。

【防治口诀】说防治，多监测；看虫苞，寻残叶。善经营，不松懈；清藤灌，砍密劣；环境好，难猖獗。秋冬季，西风烈；勤松土，将蛹掘。护天敌，招喜鹊。诱成虫，糖醋液；用网捕，看时节。发生轻，自生灭；害若重，想对策：或熏烟，喷药液；或打孔，药注些。

【形态特征】属于眼蝶科，幼虫取食竹类等禾本科植物的叶片，结苞为害。低龄幼虫喜群集于叶背取食，3龄后分散活动，常2～3头缀叶成苞，末龄时多1虫1苞。末龄幼虫土黄色，化蛹前砖红色。成虫体、翅灰褐色；前翅外缘波状，翅反面，从前翅1/3处直到后翅臀角有一条棕色和白色并行的横带；前翅中室内有两条弯曲棕色条斑和四个链状的圆斑，亚外缘有四个眼状斑，M2室的小；后翅基部有三个小圆环，亚外缘有一列眼斑。以老熟幼虫在枯枝落叶下和表土层、碎石缝中制薄茧化蛹越冬。

13. 连纹黛眼蝶

【识别口诀】连纹黛眼蝶，识别有要诀：幼虫两头尖，体绿有皱褶。成虫色不艳，嬉戏林间歇；前翅没眼斑，后翅“眼”罗列；正面是四个，反面要多些；两条黄褐纹，末端相连接。

【防治口诀】同蒙链荫眼蝶防治口诀。

【形态特征】属于鳞翅目眼蝶科，幼虫取食竹叶并卷虫苞。成虫翅褐黄色，前翅顶角无眼斑，近外缘有淡色宽带，反面外缘、中部和近基部有三条黄褐色横带纹。后翅外缘波状，有四个带暗黄色圈的黑圆斑，反面有六个黑眼斑，成虫常见于竹林林缘。一年发生 2 代，常与竹舟娥类、蒙链荫眼蝶等混同发生，习性和为害特点与蒙链荫眼蝶相似。

14. 黄斑蕉弄蝶

【识别口诀】黄斑蕉弄蝶，幼虫啃蕉叶；把叶卷成筒，吃叶叶残缺；幼虫黑色头，比身略细些；蜡粉体上裹，短毛身上携。

【防治口诀】防治蕉苞虫，除苞多倚重；或割或敲打，苞破好灭虫。遇卵随手摘，灭杀多主动。保护其天敌，以虫来治虫。成虫爱阴凉，网捕较轻松。喷洒杀虫剂，为害如严重；选用青虫菌，或用敌百虫。

【形态特征】又叫芭蕉卷叶虫、蕉苞虫等，属于鳞翅目弄蝶科，幼虫孵化后先取食卵壳，然后分散到香蕉、芭蕉等蕉属植物叶片的叶缘，吐丝将叶片反卷缀合成虫苞，在苞内取食、化蛹。老熟幼虫体长 50 ～ 65 毫米，淡黄色或带微绿色，被白色蜡粉，头部黑色，略呈三角形；胴部前后收缢，中部肥大。成虫黑褐色或茶褐色，复眼红色，前翅中央有黄褐色大斑 2 个，近外缘有 1 个黄色方形小斑；后翅黄褐色或茶褐色无斑纹。以幼虫在蕉叶虫苞中越冬，卵散产于寄主叶上。

前翅上有斑三个，其中一个略小

复眼红色

卵半球形

蜡粉裹身上

15. 朴喙蝶

【识别口诀】 朴喙蝶，很好认：唇须长，是特征；像鸟嘴，向前伸。翅正面，有斑纹；红褐斑，如钩横；白斑点，翅顶呈。后翅上，纹横生。

【防治口诀】 朴喙蝶为害常轻，说防治重在经营；土肥水管理周到，树健壮病虫难侵；捕成虫减少产卵，护天敌杀敌无形；为害重喷药杀灭，选晴天喷透喷匀

【形态特征】成虫下唇须如鸟嘴（喙）而被称为“长须蝶”，在日本又叫天狗蝶，因为它的头部像其神话中的天狗头而得名。属于鳞翅目喙蝶科，幼虫取食榆科中的朴属、榆属林木的顶芽、嫩叶为害，多生活在树木顶层。成虫下唇须发达，长度约为头部的两倍。前翅形状特别，顶角有突出呈镰刀的端钩，后翅外缘锯齿状。翅色黑褐，前翅中室内有 1 个钩状红褐斑，近顶角有 3 个小白斑，后翅中部有 1 条红褐色横带。当翅膀合上时像枯叶一般不引人注意以保护自己。常以成虫越冬，成虫寿命较长，终年可见。

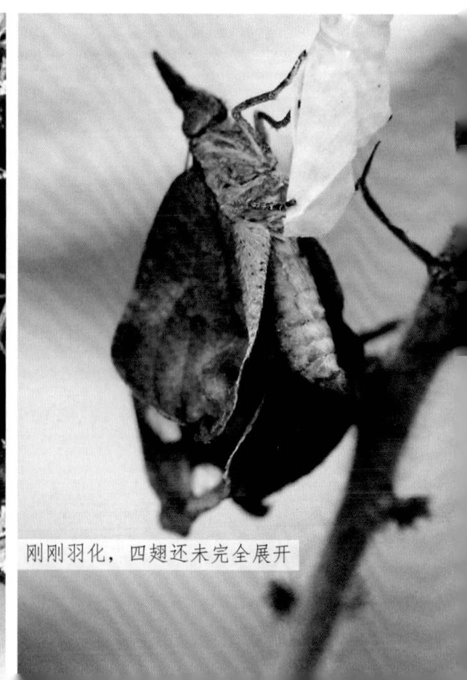
刚刚羽化，四翅还未完全展开

第三节 蛾类食叶害虫

1. 刚竹毒蛾

【识别口诀】刚竹毒蛾吃竹叶，几簇长毛较特别：橘黄毛刷在腹背，一至四节和八节；黑色丛毛伸向前，前胸背面两侧贴；还有一束灰黑毛，长在尾部向后斜。

【防治口诀】害重竹易死，综合来防治：冬季清竹园，农闲砍藤刺；竹密应采伐，伐竹按宗旨：留大砍矮小，留壮砍残次；留新砍病老，留疏砍密死；透光又通风，竹壮虫不滋。茧生叶秆上，摘除或砸死。成虫发生期，诱虫灯设置；利用趋光性，成虫诱杀之。幼虫发生期，天敌多驱使；喷菌虫染病，招鸟虫为食。虫多危害重，农药来控制；未雨先绸缪，趁早药喷施；间隔八九天，依情治两次；药品常轮换，灭幼脲菊酯。或用烟剂熏，放烟巧选时；清晨或傍晚，路线依山势。竹腔注乐果，量少偶可试。

【形态特征】属于鳞翅目毒蛾科。成虫昼伏夜出，趋光性较强，体灰白色，前翅淡黄色，前缘基半部边缘黑褐色，翅后缘接近中央有一橙红色斑。卵多产在被害较轻或未被害的竹冠中下层竹叶背面或竹秆上，呈单行或双行纵列。

2. 茶白毒蛾

【识别口诀】茶白毒蛾一身白，白中透绿亦精彩；前翅中间一黑点，昼伏夜出飞不快。

【防治口诀】茶白毒蛾比较坏，一年发生好几代；精心管理林健康，呵护天敌多善待。成虫期间灯诱杀，遇见卵蛹随手采。冬季清园剪下枝，通风透光虫受害。喷杀幼虫要趁早，治小治了防成灾。

【形态特征】又叫茶毛虫，属于鳞翅目毒蛾科，幼虫取食茶树、油茶、柞树等林木的叶片。幼虫头红褐色，体黄褐色，每节有 8 个瘤状突起，瘤上生黑褐色长毛及黑色和白色短毛。3 龄前幼虫喜群集在一起取食下表皮和叶肉，少数在叶面取食上表皮和叶肉；3 龄后分散为害，咬食叶片成缺口。幼虫行动迟缓，受惊动后迅速弹跳逃避，老熟幼虫吐少量丝缀结 2 ～ 3 叶，然后在苞中化蛹。成虫体、翅均白色，前翅稍带绿色，有丝缎样光泽。前翅面中央各有一个黑色斑点，腹部淡绿色。成虫飞翔力不强，白天静伏在茶丛内，晚上活动。以幼虫在茶丛下部向阳避风的叶片上越冬，卵块产在叶片正面，通常每块 5 ～ 15 粒。

黑斑

腹面

3. 茶黄毒蛾

【识别口诀】茶黄毒蛾好认识，黄褐身体橙黄翅，前翅中部两横带，黄白颜色弯钩似，前翅顶角黄色区，两个黑斑如标志。幼虫深黄爱群集，背上毛瘤十六只。

【防治口诀】茶黄毒蛾很常见，防治方法求全面：摘除卵块冬春季，赶在幼虫孵化前；幼虫群集挤一起，带虫摘叶很方便；体毛有毒防被蛰，肥皂液儿抹一点；中耕松土除虫茧，树蔸周围是重点；成虫是蛾爱趋光，灯光诱杀莫省电；保护天敌要细心，喷洒农药多顾全；生物制剂青虫菌，灭幼脲等应优先。

【形态特征】又叫茶毒蛾等，属于鳞翅目毒蛾科，幼虫啃食茶树、油茶、杨梅、乌桕等林木的叶片、嫩梢、果皮。幼虫深黄色；头黄棕色，有深褐色小点；腹部亚背线为棕褐色宽带，1 ～ 8 节腹背有 8 对黑绒球状毛瘤，上生黄白长毛。成虫前翅面有 2 条黄白色横带纹，顶角黑点 2 个。一年发生 2 ～ 4 代，无世代交替现象。以卵在油茶等树木的中、下部叶片背面越冬。茧多结在树蔸周围或枯枝落叶层中，2 ～ 10 个蛹缀连在一起。

4. 折带黄毒蛾

【识别口诀】折带黄毒蛾，折带是特色；成虫个不大，翅膀黄颜色；前翅中间部，棕带“V”形折；顶角褐圆斑，每翅有两个。

【防治口诀】秋冬仔细清园，消灭越冬虫源；卵期叶背寻找，手工摘除虫卵；幼虫喜欢群集，摘叶注意安全；灯光诱杀成虫，夜间爱扑光源；寄蝇螳螂保护，鸟类善于召唤；幼虫低龄时期，化防应急救援。

【形态特征】属于鳞翅目毒蛾科，幼虫取食蔷薇科、榆科、柿科、柏科、壳斗科中多种林木的叶片、嫩梢。老熟幼虫黄色至橙黄色，疏生黄白色长毛，背线细，棕黄或橙黄色，瘤黄褐色；第 1、2 节和第 8 腹节背面有黑色大瘤，瘤上着生黄褐或浅黑褐色长毛。成虫前翅黄色，内横线和外横线浅黄色，从前缘外斜至中室后缘，折角后内斜，两线间布棕褐色鳞，形成折带，翅顶角有两个棕褐色圆点，缘毛淡黄色。以 3～4 龄幼虫于枯枝落叶下、粗皮缝隙内、树洞中、剪锯口等处吐丝结网群集越冬。卵块多产于叶背，上面附有黄色鳞毛。

5. 乌桕黄毒蛾

【识别口诀】乌桕黄毒蛾，幼虫黄褐色；生有白长毛，胸细较独特。腹部每一节，黑瘤有四个。远远看上去，白线绕体侧。

【防治口诀】毒蛾毛有毒，幼虫莫接触。植物细检疫，严禁虫带入。鸟雀或螳螂，天敌多保护。病毒白僵菌，传染可相互。结合冬修剪，越冬幼虫除。挖蛹摘虫卵，工作及时布。成虫爱追光，灯诱多扶助。天热干束草，引虫草中住；解草火烧毁，虫死害结束。幼虫出蛰期，喷药莫马虎；可选灭幼脲，菊酯或功夫；连喷两三次，遗漏及时补。

【形态特征】又叫乌桕毒毛虫、乌桕毒蛾等，幼虫为害乌桕、油桐、重阳木等林木的叶片。老熟幼虫体黄褐色，被灰白色长毛；胸部稍细，第1～3腹节粗大，体背部及两侧毛瘤黑色带白点，第三胸节背面毛瘤与翻缩腺橘红色；体色、毛瘤颜色随虫龄和代别不同而有变化。南方一年发生2代，成群的幼龄幼虫分成7层左右于枝杈、树枝下部向阳裂缝、凹处或干基背风面越冬，外被0.5～2.0毫米厚的丝幕。

6. 白斑黄毒蛾

【识别口诀】幼虫识别看头部，桃红颜色光秃秃；腹部背上斑艳丽，长毛短毛都带毒。

【防治口诀】可参考乌桕黄毒蛾防治口诀。

【形态特征】属于鳞翅目毒蛾科，以幼虫群聚于石楠、梅等多种林木的叶片食叶为害。幼虫喜欢叶背为害，头部后方有一条桃红色的宽型横带，腹背具黑、红、白色斑，体侧密生细毛。成虫前翅灰褐色密布黑色细斑，但近外缘有 5 ～ 6 枚白斑排列。

▲ 头及后方桃红色

▲ 白线

7. 盗毒蛾

【识别口诀】盗毒蛾色彩斑斓，警告你莫要纠缠：其毛瘤黑或红色，背中间红线鲜艳；两边有黑色纵带，上面是白色点点。

【防治口诀】可参考乌桕黄毒蛾防治口诀。

【形态特征】又名黄尾毒蛾、黄尾白毒蛾等，属于鳞翅目毒蛾科，幼虫取食桑、梅、柿、榆等多种林木的叶片。初孵幼虫喜群集在叶背食叶为害，3、4龄后分散为害，受到惊扰就吐丝下垂，扩散传播。老熟幼虫黄色，头部黑褐色；背线红色，两侧各有1条灰黑色纵带；各节体上有很多红、黑色毛瘤，上生黑色及黄褐色长毛和白毛；腹部1、2、8节亚背线毛瘤较大且明显隆突，两个相连；在腹部6、7两节背面中央有一圆形突出黄色孔。成虫全身被白鳞毛，稍有光泽；雌成虫尾部有黄毛，前翅后缘有一茶褐色斑；雄成虫腹面从第三腹节起有黄毛，前翅有二个茶褐色斑；后翅无斑纹。主要以3、4龄幼虫在树干缝隙及落叶中结茧越冬。长条形卵块产在叶背。

8. 肾毒蛾

【识别口诀】肾毒蛾，像飞机，身上毛刷多留意；前胸毛，黑漆漆；向前伸出吓天敌；腹节上，毛站起；侧毛外展似机翼。

【防治口诀】在平时，多巡查；对幼虫，也莫怕；数量少，镊子夹；或摇枝，虫落下；再烫死，或踩踏。虫治虫，好方法；对益虫，善待它；对益鸟，替安家；莫干扰，鸟笼挂。成虫期，灯诱杀。对卵块，剪或刷。搜虫茧，防羽化。为害重，药喷洒。

【形态特征】又叫豆毒蛾、飞机毒蛾等，属于鳞翅目毒蛾科中食叶害虫，幼虫取食樱桃、海棠、紫藤、榆、茶等林木及豆科植物的叶片。幼虫头部黑褐色，有光泽，上具褐色次生刚毛；体黑褐色，亚背线和气门下线橙褐色，断续状；前胸背面两侧各有一个黑色大瘤，上生向前伸的长毛束；第 1 ～ 4 腹节背面有暗黄褐色短毛刷 4 束，两侧各 2 束，似飞机的双翼；第 8 腹节背面有黑褐色毛束；胸足黑褐色，每节上方白色。在长江流域一年发生 3 代，以幼虫越冬，次年 4 月开始为害。产卵于叶片上，每块 50 ～ 200 粒。

背上毛束如展开的机翼

9. 线茸毒蛾

【识别口诀】线茸毒蛾毛茸茸，全身黄绿是特征；遇敌亮出黑腺斑，高举尾巴样子凶。

【防治口诀】可参考肾毒蛾防治口诀。

【形态特征】属于鳞翅目毒蛾科茸毒蛾属，幼虫取食重阳木、悬铃木、泡桐、柳、朴树等多种林木的叶片。幼虫黄绿色，周边密布黄色长毛。遇到天敌时会掀开毛丛，露出第1、2腹节之间背部1黑色大斑吓阻天敌；腹部体节间灰黑色，体节上多毛瘤，瘤上有黄绿色刚毛；腹节第1～4节和第8节背面各有1黄色毛刷。7月中旬为幼虫为害盛期，幼虫受惊卷曲下坠。雄成虫胸背部棕褐色，前翅灰褐色，翅面上有黑、白相杂的鳞片；后翅黄色，腹末端及腹面被白色绒毛。雌成虫触角短栉齿状，胸背褐色有灰白色毛，后翅白色。成虫白天静伏在树干、墙壁等处，有趋光性。一年多发生3代，以蛹于丝茧内在草丛、枯枝落叶、墙角、树皮缝中越冬。片状卵块产于树干等处。

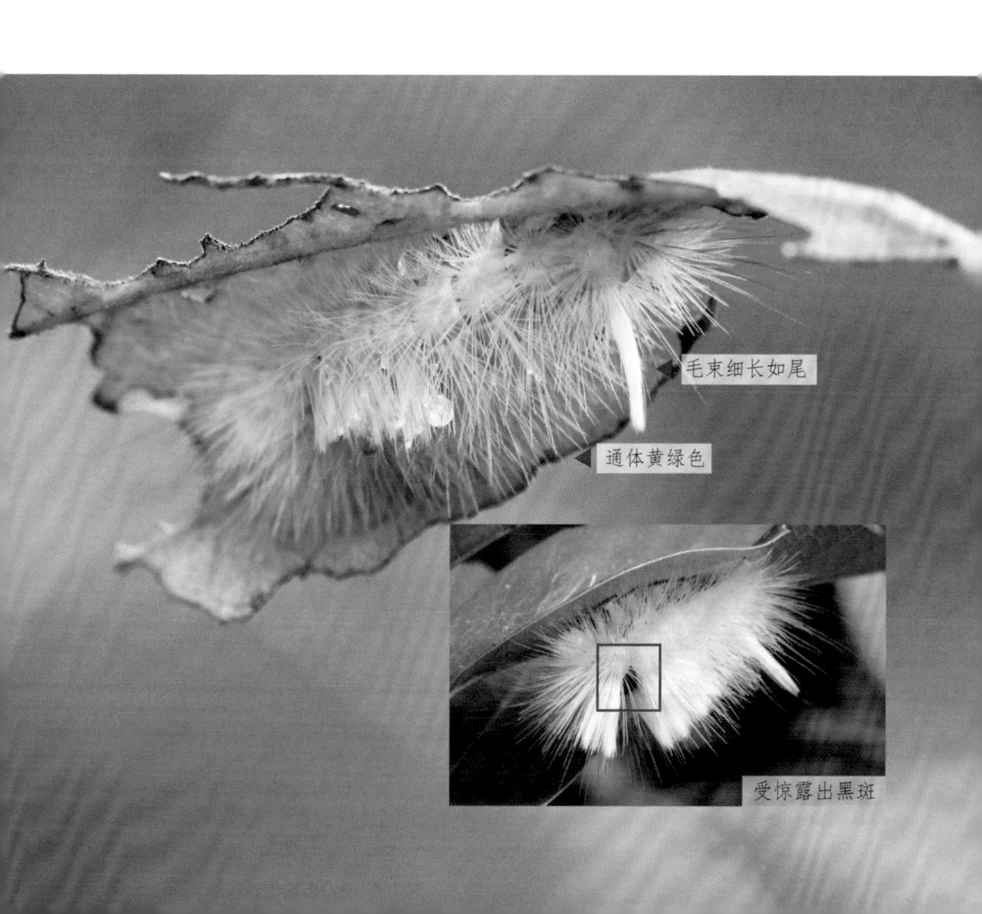

10. 松茸毒蛾

【识别口诀】松茸毒蛾为害松，幼虫身灰头褐红；背上毛刷黄褐色，头侧毛束向前冲。

【防治口诀】可参考马尾松毛虫防治口诀。

【形态特征】又叫松毒蛾、马尾松毒蛾等，属于鳞翅目毒蛾科茸毒蛾属，幼虫取食马尾松、湿地松、火炬松、雪松等林木的针叶。老熟幼虫头红褐色，体棕黄色，并密生黑毛，胸、腹部各节均有毛瘤，瘤上密生棕黑色长毛；前胸背面两侧各有一束向头部前方伸出的棕黑色长毛束，第 1 ～ 4 腹节背上丛生着黄褐色刷状毛束，第 8 腹节背面有一束棕黑色长毛束。幼虫多于针叶中部啃食并遗留 3 厘米左右的残叶，地面出现大量断叶而与松毛虫为害有所区别。老熟幼虫下树于枯枝落叶层、杂草根部、灌丛枝上，或土石缝中结茧。成虫体黑色，前翅暗灰色带暗棕色，内区色浅；后翅灰棕色，基半部色浅。一年发生 3 代，以蛹越冬。第一代幼虫 5 ～ 6 月危害，第二代幼虫 7 ～ 8 月危害，9 月中下旬第三代开始为害。成虫有趋光性，傍晚产卵于针叶上。

11. 枫毒蛾

【识别口诀】枫毒蛾，枫上躲；幼虫有毒麻褐色；看虫背，菱斑着；灰白颜色不会错。

【防治口诀】枫毒蛾，爱阳光；栽植枫树莫稀朗；招益鸟，护螳螂；捕食幼虫天敌帮；灭虫蛹，枫树旁；诱杀成虫用灯光。虫较多，用药防，喷雾喷烟烟燃放。

【形态特征】属于鳞翅目毒蛾科，幼虫取食枫香等林木的叶片。幼虫身体棕黄色，有黑褐色网状斑；头部棕黄色，有棕褐色斑点。前胸背面两侧各有1棕褐色大瘤，上有棕黑和黄色长毛。第1～8腹节背面有黄黑色大瘤。幼虫共6龄，少数5龄，活泼，喜光，不聚集，能吐丝下垂。雄成虫触角干灰色，头部和胸部灰褐色。前翅白色，有黑褐色鳞，内、外线间有浓密黑褐色鳞。后翅灰褐色略带黄棕色，基半部黄棕色。雌成虫与雄成虫相似，但内、外线间黑褐色鳞不浓密。一年发生3代左右，以卵在树皮缝中越冬。卵多块状堆积在枝干分叉或树皮缝中，表面盖薄绒毛。

吐丝粘叶作为铺盖，准备化蛹

在杂灌的叶上化蛹，蛹上毛束整齐

灰白色菱斑 ▲

12. 舞毒蛾

【识别口诀】脸上黑斑像“八”字，背上有瘤有毛刺；肉瘤纵横排整齐，颜色鲜艳好认识；前面五对蓝灰色，后面几对红泛紫；一龄能飞靠风帆，长大惊坠先吐丝。

【防治口诀】舞毒蛾，荡秋千；昼伏夜出常可见；吃树叶，能远迁；骚扰居民讨人厌。其雄蛾，飞夜间；灯光诱杀也方便。护螳螂，鸟保全；利用天敌少风险。集幼虫，树旁边；人工捕杀在白天。虫较多，也难免；燃烟喷液顾安全。药浓度，看标签；伤树伤人要避免；喷均匀，莫漏偏；连续喷杀两三遍。

【形态特征】又叫秋千毛虫，幼虫啃食枫香、柳、重阳木等数百种林木的叶片、幼芽。幼虫头部黄色，有褐斑，冠缝两侧有“八”字形黑斑，单眼区有“C”字黑斑；胴部第 1 ～ 5 节背面中央各有一对蓝灰色斑，第 6 ～ 11 节紫红色。雌成虫体翅黄白色，前翅面有 4 条锯齿状褐色纹，前后翅外缘各有 8 个褐色斑；雄蛾体小，褐色，前翅有明显的 4 条深褐色波浪纹。一年发生 1 代，以卵在石块缝隙或树干洼裂处越冬，卵块上覆盖黄褐色毛。

13. 木毒蛾

【识别口诀】木毒蛾，舞毒蛾；两个幼虫差不多；脸有“八”字背有瘤，瘤上长毛莫沾惹；区分腹背多注意，八排毛瘤紫红色；第九毛瘤形状怪，如同牡蛎在体末。

【防治口诀】可参考舞毒蛾防治口诀

【形态特征】又叫黑角舞毒蛾，属于鳞翅目毒蛾科，幼虫啃食枫香、枫杨、柳、栓皮栎、重阳木等数十种林木的叶片、幼芽和嫩枝。1～2龄幼虫喜群集，能够吐丝下垂，随风扩散。老熟幼虫身体黑灰色（灰白色底，密布大量黑斑）或黄褐色（黄色底，密布大量黑斑）；头部黄色，有褐斑，冠缝两侧有一“八”字形黑斑，单眼区有“C”字形黑斑。腹背有8对紫红色毛瘤，第9腹节毛瘤牡蛎形，红褐至黑褐色。雌蛾体黄白色，头顶有红及白色鳞毛；胸背被白色长鳞毛；翅黄白色，前翅亚基线存在，内横线仅在翅前缘处明显，灰棕色外横线宽。雄蛾灰白色；前翅前缘近顶角处有3个黑点，中线、外横线明显，内横线明显或部分消失。一年发生1代，以卵越冬。卵块多于夜间产在枝条、枝干上。

14. 栎舞毒蛾

【识别口诀】栎舞毒蛾样子怪，尾部毛束排一排；头部黄褐有黑斑，两束长毛脸边摆；中后胸背黄褐纹，灰褐身间透光彩。

【防治口诀】可参考舞毒蛾防治口诀。

【形态特征】又叫栎毒蛾、栗毒蛾等，属于鳞翅目毒蛾科，幼虫取食栎、栗、苹果、榉等多种林木的叶片、芽。老熟幼虫体长55毫米左右，黑褐色，有黄白色斑；头部黄褐色，密布黑褐色圆点，前胸背线白色，气门线黑色；前胸背面两侧各有一个黑色大瘤，上生黑褐色毛束；中、后胸中央有黄褐色纵纹，其余各节上的瘤黄褐色，上生黑褐色和灰褐色毛丛。于杂草、枝叶间结茧化蛹。雌、雄成虫体形、斑纹差异较大。雌成虫较大，前翅面底色灰白色，亚基线黑色，内、中线棕褐色，前缘和外缘边粉红色，后翅浅粉红色；腹部前半粉红色，后半白色。雄成虫胸部和足浅橙黄色，腹部和后翅暗橙黄色，前翅灰白色，斑纹黑褐色。一年发生1代，以卵于树皮缝隙、伤疤、剪锯口等荫蔽处越冬，卵块外被雌成虫腹末端灰白色体毛。

15. 樟翠尺蛾

【识别口诀】樟翠尺蛾害樟树，翠绿颜色纹特殊；前翅前缘灰黄色，细碎白纹翅上布；前后翅上白横线，相连围成双 U 图。

【防治口诀】樟翠尺蛾吃樟叶，防治参考我口诀：释放寄甲寄生蜂，保护天敌招鸟雀；寻找幼虫茧和卵，直接杀死用手捏；释放粉剂白僵菌，幼虫感染自灭绝；虫多化防需趁早，喷粉喷烟喷药液；连治两次防遗漏，间隔十天是大约。

【形态特征】属于鳞翅目尺蛾科，幼虫取食樟、芒果等林木的叶片。幼虫一般在上午活动、取食频繁，晴天午后常爬到遮阴处，在叶缘停息，用臀足攀住叶子，身体向外直立伸出，形如小枝。老熟幼虫头大，腹末稍尖，头顶两侧呈角状隆起，头顶后缘有一个“八”字形沟纹；身体黄绿色，淡黄色气门线稍明显，其他线纹不清晰；腹部末端尖锐似锥状。成虫翅翠绿色，有细碎纹；前、后翅各有两条白色横线，较细而直，四翅平铺时白线共同围成双“U”字。一年发生 4 代，有世代重叠现象。卵散产于树皮裂缝、枝杈下部及叶背上。

幼虫

U 型线

16. 柿星尺蛾

【识别口诀】拟态眼镜蛇，把敌来威慑；胸部特膨大，眼斑是黑色；斑外月牙纹，烘托更奇特。

【防治口诀】尺蛾这么坏，防治现交代：每年冬季里，蛹期做安排；翻耕土疏松，挖蛹是顺带；翻挖树边土，两尺边徘徊；深度一寸内，仔细将蛹筛；破坏蛹场所，不适蛹自败。老熟入土前，薄膜细铺开；主干之周围，松土膜上盖；诱集虫化蛹，集中将其逮。成虫羽化时，扑火是最爱；利用黑光灯，诱蛾自投怀。白天蛾不动，幼虫亦装呆；捕杀用人工，兼刮其卵块。幼虫遇受惊，随丝坠尘埃；树下铺薄膜，振枝赶虫来；收集喂家禽，杀灭土中埋。天敌细保护，不够外请来；寄生或捕食，尺蛾实悲哀。幼虫一二龄，虫多欲成灾；喷雾或喷烟，化防来得快；可用灭幼脲，菊酯也可买；喷透莫遗漏，联防虫绝代。

【形态特征】又叫蛇头虫、巨星尺蛾，属于鳞翅目尺蛾科中的食叶害虫。初孵幼虫为黑色，以后逐渐变为黑黄色，老熟幼虫体长约 55 毫米左右，头部黄褐色，胸部第 2、3 节和腹部第 1 节特别膨大，在膨大部两侧有椭圆形眼斑 1 对，神似眼镜蛇头。成虫体黄，翅白色，前后翅分布有大小不等的深灰色斑点，外缘较密，中室处各有一个近圆形较大斑点。

像不像架着眼镜？

不同季节环境，体色略有不同 ▲▼

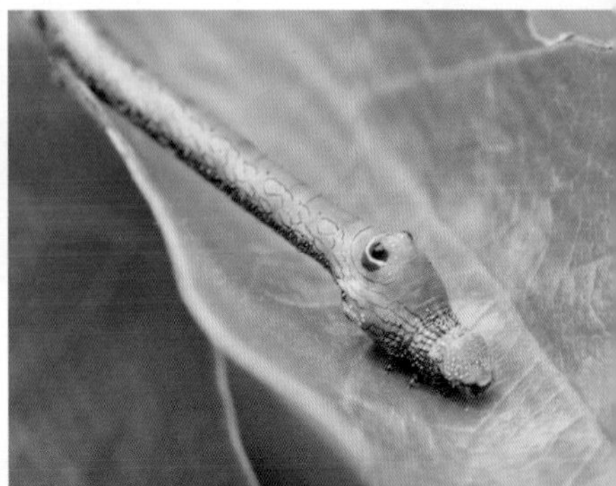

17. 油桐尺蛾

【识别口诀】体翅灰白颜色浅，密密麻麻布黑点，前翅反面一黑斑，波状有毛是翅缘。

【防治口诀】参考柿星尺蛾防治口诀。

【形态特征】又叫桉树尺蛾、大尺蠖、桉尺蠖，属于鳞翅目尺蛾科，幼虫蚕食危害油桐、桉树、油茶、乌桕等林木的叶片，典型的暴食性害虫。幼虫体色随环境有深褐、灰绿、青绿等变化；头部密布棕色颗粒状小点，头顶中央凹陷，两侧具角状突起；前胸背面有 2 个小突起；气门为紫红色，胸腹部各节均具颗粒状小点。幼虫可吐丝下垂，随风转移。成虫体形较大，灰白色，密布灰黑色小点；翅基线、中横线和亚外缘线系不规则的黄褐色波状横纹。一年发生 2 ～ 4 代，一般以蛹在土中越冬。

蛹

幼虫

前翅反面一黑斑

18. 木橑尺蛾

【识别口诀】 尺蛾幼虫体细长，一屈一伸像丈量；休息身体斜伸直，如同残枝善伪装；前胸背有两突起，头顶确是马鞍状。

【防治口诀】参考柿星尺蛾防治口诀

【形态特征】又叫核桃尺蠖、木橑步曲等，属于鳞翅目尺蛾科，幼虫取食杨、榆、槐、枫杨等多种林木的叶片及杂草。幼虫因食物不同体色有灰褐、褐绿、绿等色变化。头部密布白色、褐色泡沫状突起，头顶两侧突起呈马鞍状；前胸背前缘两侧各有 1 突起，每体节上有 4 个白点。成虫翅展约 70 毫米，前后翅近外缘各有一条灰褐色或灰黄色圆斑构成的波状纹，前翅基部有 1 个橙黄色大斑，中室外缘有 1 个较大浅灰色斑。以老熟幼虫在树冠下 3cm 深的土壤中群集化蛹越冬。卵多呈块状不规则地产于叶背、树皮缝内等处，卵块上覆有棕黄色毛。

前胸背的 2 个突起

19. 小蜻蜓尺蛾

【识别口诀】幼虫黑褐色，取食蔷薇科；纵纹色黄白，横纹是黄褐；腹部第十节，主体乳白色；上有三褐斑，中间大得多。

【防治口诀】 幼虫食叶危害大，防治还得多方抓：购买苗木要检疫，虫源病源全拦下。虫少手摘虫和茧，结合管理细观察。成虫羽化夜扑火，设置灯光把蛾杀。保护天敌将其制，虫多还得药喷洒；治小治早治彻底，喷透喷匀树上下；杀螟杆菌灭幼脲，苦参烟碱效果佳。

【形态特征】幼虫取食樱桃、火棘、梅等蔷薇科多种林木的叶片、嫩芽、花蕾。老熟幼虫体细长，黑色，有黄色花纹；背线、亚背线黄色；气门上、下线为不规则的断续黄线，基线较宽，各节后缘为一黄色横带，各体节疏生细毛。成虫翅较狭长，黑色，生有白斑；前翅近基部、中部偏内和臀角内侧各具一大白横斑；后翅基部、中部和近外缘各有一白色大横斑。腹部各节背面有一大黑斑，两侧有小黑斑。一年发生 1 代，幼虫孵化后稍加取食便潜伏越冬。卵成列产于枝干皮缝背阴处。

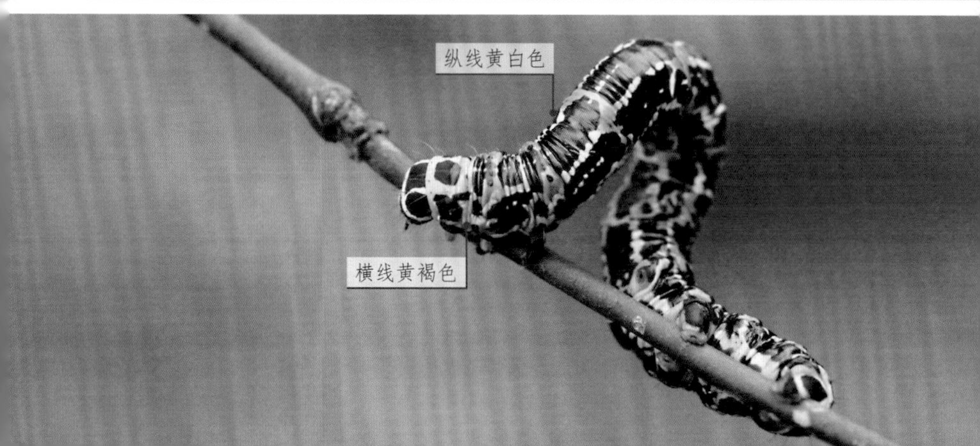

20. 中国虎尺蛾

【识别口诀】中国所特有，斑纹仿虎头；体翅鲜黄色，黑纹黄中游；有线放射状，外缘排一溜。

【防治口诀】可参考小蜻蜓尺蛾防治口诀。

【形态特征】属于鳞翅目尺蛾科中的食叶害虫，幼虫群集取食映山红、短柄枹等林木的叶片。老熟幼虫头、足黑色，体鲜黄色，具黑斑，有稀疏白毛。成虫有趋光性，翅展60毫米左右，体色鲜黄有黑斑，翅的正反面色泽花纹均一致，内外线呈黑色波状，中间有碎黑斑，外线以外呈放射状条纹，体背和两侧有黑斑。一年发生1代，以卵越冬。

21. 大叶黄杨尺蠖

【识别口诀】大叶黄杨尺蠖，啃食黄杨惹祸；幼虫全身黑色，有毛稀疏不多；黄白纵线之间，横纹相连独特。

【防治口诀】结合修剪除虫枝，初孵幼虫齐收拾。产卵期间铲卵块，保护天敌将虫制。冬季除蛹树冠下，翻土扫叶扫枯枝。振树收集是幼虫，受惊坠落随细丝。成虫懒惰不善飞，白天网捕也好使。成虫趋光可诱杀，黑光灯类多设置。溴氰菊酯灭幼脲，把握时机巧防治。

【形态特征】又叫丝绵木金星尺蠖（huò）、大叶黄杨尺蛾等。老熟幼虫全体黑色，背线、亚背线、气门线上有白色、黄色纵线 5 条贯穿，各纵线间有细的横纹环绕。成虫翅银白色，具淡灰色纹，大小不等，排列不规则；腹部金黄色，雌蛾由黑斑点组成条纹 9 行，雄蛾腹部条纹 7 行。一年发生 2 ～ 4 代，以蛹在树冠下 3 ～ 5 厘米深表土枯枝落叶层越冬。卵常几粒至几十粒双行或块状排列于叶背、叶柄、枝条、杂草等处。

22. 黄杨绢野螟

【识别口诀】黄杨绢野螟，翅白半透明；略带紫闪光，对光亮晶晶。前翅之前缘，褐色显新颖；内有两白点，一个新月形，一个较细小，近看能看清；外缘与后缘，褐带相呼应。

【防治口诀】黄杨绢野螟，防治多用心：苗木细检查，虫源莫混进。随时除虫苞，发生如零星。秋冬扫落叶，杂草一并清；降低虫密度，来年发生轻。架设黑光灯，成虫诱杀净。益虫和鸟类，保护多招引。幼虫发生多，喷杀趁低龄；菊酯灭幼脲，苏云金杆菌；连喷两三次，喷透喷均匀。

【形态特征】又叫黄杨野螟，属于鳞翅目螟蛾科，幼虫取食危害黄杨、冬青、卫矛等林木叶片。初孵幼虫于叶背取食为害叶肉，2～3龄幼虫吐丝将叶片、嫩枝缀连成巢，在巢内为害。幼虫头部黑色，胴部黄绿色，背线、亚背线及气门上线深绿至墨绿色，气门线橙黄色。成虫体翅灰白色，前翅前缘、外缘、后缘有紫褐色宽带，前缘紫褐色带上有两个白斑。一年发生3代，以低龄幼虫在叶苞内作茧越冬。卵多产于叶背或枝条上。

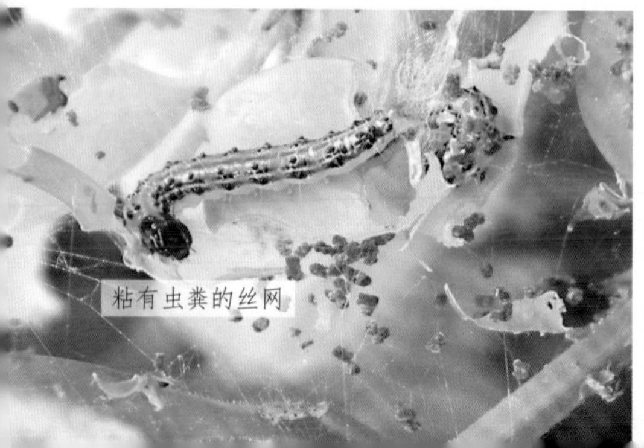

23. 棉卷叶野螟

【识别口诀】该虫幼虫，卷叶成筒；躲在筒里，吃喝化蛹；虫体青绿，有毛不浓；化蛹之前，变成桃红。

【防治口诀】可参考黄杨绢野螟防治口诀。

【形态特征】又叫棉大卷叶螟，属于鳞翅目螟蛾科，幼虫吐丝卷叶，取食为害梧桐、木芙蓉、木槿、黄蜀葵等林木的叶片。幼虫1～2龄时聚集取食，3龄后分散吐丝卷叶，在卷叶内取食、排粪。老熟幼虫长约25毫米；体青绿色，有闪光，化蛹前变成桃红色；全身具稀疏长毛，胸足、臀足黑色，腹足半透明。成虫黄白色，有闪光；前、后翅外横线、内横线褐色，呈波纹状，有褐斑。一年多代，以末龄幼虫在落叶、树皮缝、树桩孔洞、田间杂草根际处越冬。卵散产于叶背，通常靠近叶脉基部较多。

室内饲养的幼虫最终羽化成蛾

卷叶成筒像喇叭，幼虫和蛹筒当家

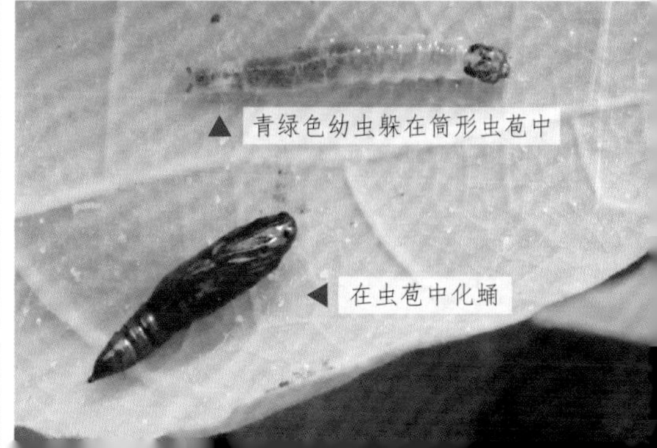
▲ 青绿色幼虫躲在筒形虫苞中

◀ 在虫苞中化蛹

24. 杨黄卷叶螟

【识别口诀】杨黄卷叶螟，缀叶饺子形；为害杨与柳，啃叶藏身形；幼虫黄绿色，两侧有褐纹。

【防治口诀】可参考黄杨绢野螟防治口诀。

【形态特征】又叫黄翅缀叶野螟，属于鳞翅目螟蛾科，幼虫在杨、柳等林木上吐丝缀叶呈饺子状或筒状为害。老熟幼虫黄绿色，头部两侧近后缘有1个黑褐色斑点，半月形，胸部两侧各有1条黑褐色纵纹；体沿气门两侧各有1条浅黄色纵带。幼虫遇惊扰即弹跳逃跑或吐丝下垂，老熟后在卷叶内结薄茧化蛹。成虫橙黄色；翅黄色，有暗褐色斑纹；前、后翅缘毛基部有暗褐色线。一年发生4～5代，以幼虫在树皮缝、枯落物下及土缝中结茧越冬，次年4月萌芽后开始取食为害。卵产于新梢叶背，以中脉两侧最多，呈块状或长条形。

25. 竹织叶野螟

【识别口诀】竹织叶野螟，幼虫共六龄；初期体绿色，淡黄色分明；体表较光滑，织叶苞中寝；老熟色变浅，灰白带褐“鳞”；入土化蛹前，变色仿黄金。

【防治口诀】幼虫来越冬，躲在土茧中；加强竹抚育，挖山在秋冬；击破其土茧，幼虫把命送。清除蜜源树，营养难补充。成虫出现时，诱蛾用诱灯。待到其卵期，释放赤眼蜂。Bt 白僵菌，喷洒染幼虫；叶喷灭幼脲，菊酯杀螟松；至于吡虫啉，可注竹腔中。早晚燃烟包，毒烟把竹笼。

【形态特征】又叫竹螟、竹苞虫等，幼虫吐丝卷叶取食毛竹、淡竹等竹类的叶片。幼虫体呈绿色或淡黄色，体表光滑，老熟时体色变浅，呈灰白色，各节有淡褐色的毛片，入土化蛹前转为金黄色。成虫前后翅外缘具褐色宽带，前翅有三条呈褐色波状纹横线，中横线中间断裂，中横线后段与外横线前段有一纵线相连接，外横线后段消失。一年发生 1 ～ 4 代，世代重叠现象明显，以第 1 代发生量大、幼虫危害最重。卵产在当年新竹梢头叶背。

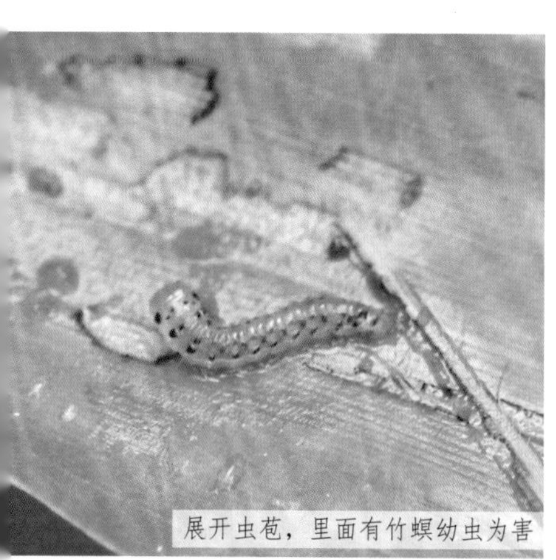
展开虫苞，里面有竹螟幼虫为害

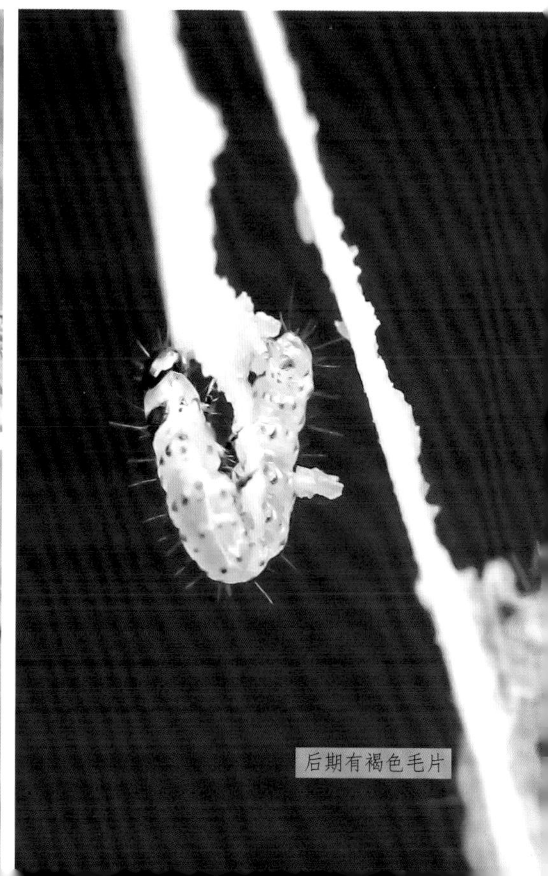
后期有褐色毛片

26. 樟巢螟

【识别口诀】为害樟叶结虫苞，虫苞外观如鸟巢；幼虫食宿在苞中，身体背面有细毛。

【防治口诀】有苞摘虫苞，集中埋或烧。冬季扫落叶，翻耕把蛹刨。益虫治害虫，多把天敌保。灯光糖醋液，诱杀蛾先招。幼虫用药喷，乘其未结巢；树高难喷透，打孔注农药。

【形态特征】又叫樟丛螟、樟叶瘤丛螟等，幼虫取食樟树、小胡椒等樟科林木的叶片、新梢。初孵幼虫灰黑色，2 龄后渐变棕色；低龄幼虫具有群集性，于叶表取食；3 ～ 5 龄幼虫吐丝缀合小枝与叶如鸟巢。老熟幼虫褐色，头部及前胸背板红褐色，体背有 1 条灰黄色宽带，气门上线灰黄色，各节有黑色瘤点。成虫翅展 20 ～ 30 毫米，头部淡黄褐色；前翅前缘中有 1 个淡黄色斑，外横线锯齿状，内横线呈波纹状，自内横线至翅基色又较浓，两横线之间为灰黄色；后翅除沿外缘形成褐色带外，其余灰黄色。一年发生 2 代，两代幼虫分别于 5 月底 6 月初和 8 月中下旬进入孵化盛期。以幼虫在地下土茧中越冬，次年 4 月下旬到 5 月初化蛹。

27. 扁刺蛾

【识别口诀】扁刺蛾，扁扁的；椭圆形，绿身体；似龟背，背隆起；白背线，如标记；体两侧，多留意；有红点，莫忘记；刺毛多，要警惕；若被蜇，需就医。

【防治口诀】刺蛾蜇人痛，防治要主动：翻耕挖虫茧，乘其茧越冬；或将茧深埋，或毁先集中。虫幼爱群集，叶枯留行踪；带虫将叶摘，防蜇虫莫碰。幼虫结茧前，树盘把土松；诱其来结茧，再灭较从容。树干涂毒环，经过虫命送。天敌多招引，以虫把虫控。羽化蛾飞季，灯光诱成虫。幼虫比较多，早灭不被动；喷施灭幼脲，菊酯也常用。

【形态特征】又叫黑点刺蛾等，属于鳞翅目刺蛾科，幼虫取食核桃、枫杨、泡桐等多种林木的叶片。老熟幼虫呈扁长椭圆形，背部隆起似龟背，有白线贯穿头尾；腹侧枝刺发达，腹部第四节两侧各有一红点。成虫前翅灰褐色，自前缘近顶角处向后缘中部有一暗褐色斜纹，线内色淡。茧坚硬，近似圆球形。北方一年发生 1 代，南方 2 ～ 3 代。以老熟幼虫进入树兜附近浅土层、杂草丛中做茧越冬。

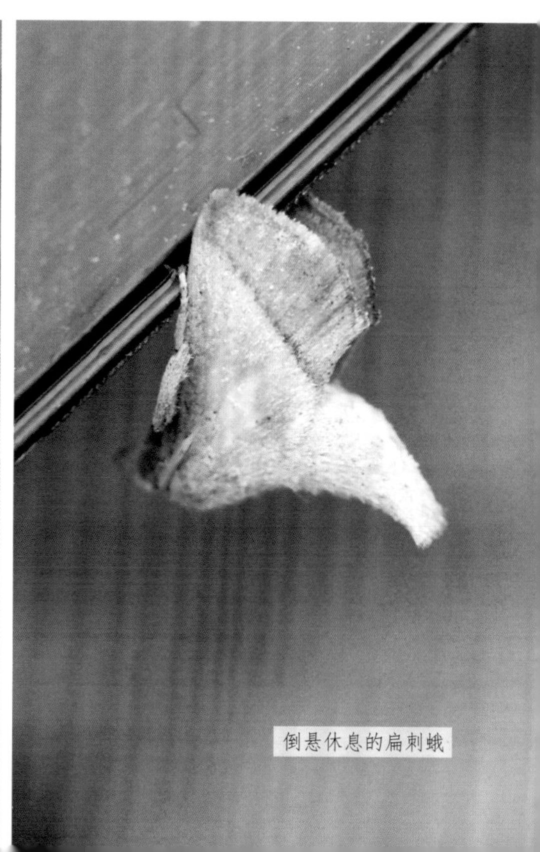

倒悬休息的扁刺蛾

28. 贝刺蛾

【识别口诀】圆圆软软像软糖，晶莹剔透很漂亮；背面隆起淡绿色，全身无毛背面光。

【防治口诀】无毒贝刺蛾，幼虫用手捉。善待其天敌，招引来得多。冬季土翻耕，捣毁虫茧窝。成虫发生时，诱杀灯架设。虫多喷药剂，早治防惹祸。

【形态特征】又叫胶刺蛾，属于鳞翅目刺蛾科，幼虫取食苹果、桃、梨、葡萄、蔷薇等林木的叶片为害。老熟幼虫椭圆形，背面光滑，全身无毛或刺，幼虫背面鲜绿、浓绿或浅绿色，晶莹剔透。成虫前翅内线不清晰，灰白色锯齿形，内线侧黑褐色。一年发生 1 代，幼虫老熟后下树作茧越冬，卵散生于叶面。

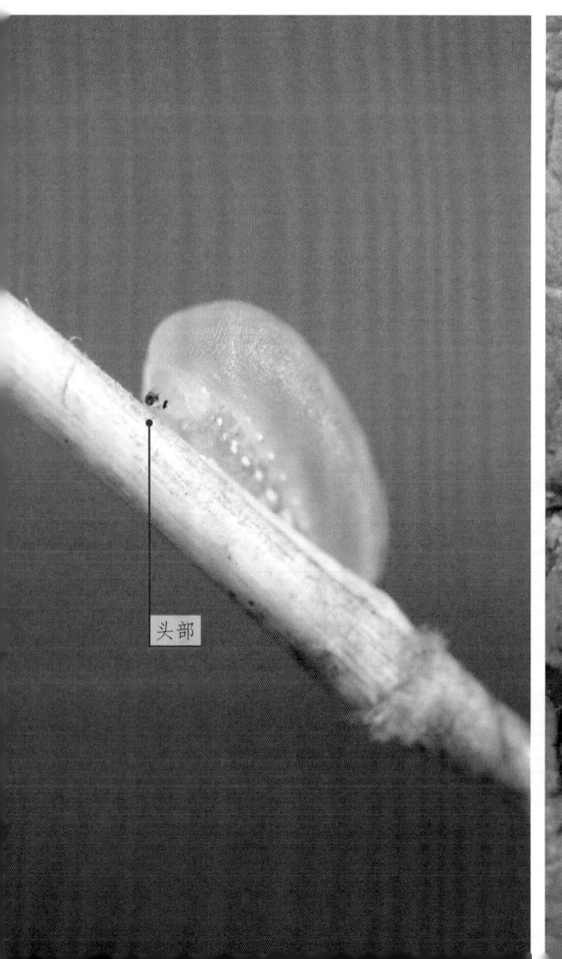

29. 桑褐刺蛾

【识别口诀】桑褐刺蛾虽漂亮，毒刺坚硬莫近赏；背上中线天蓝色，枝刺红色或黄色。

【防治口诀】可参考扁刺蛾防治口诀。

【形态特征】属于鳞翅目刺蛾科，幼虫取食南酸枣、桑、柿、桃、悬铃木等多种林木的叶片。幼虫圆筒形，黄色；背线宽，天蓝色，两侧有黑点排列；枝刺颜色分成黄色型和红色型两类，亚背线与相应的枝刺同色；体侧各节有 1 个天蓝色斑，斑四角各有 1 个黑点。成虫全翅土褐色至棕褐色，中部有 1 条“八”字形斜纹把翅分成 3 段，中段色浅；雌蛾斑纹较雄蛾浅。茧圆球形，灰黄色，球面光滑，较脆薄。华北地区一年发生 1 代，长江流域 2 ～ 3 代，以老熟幼虫于 9 月底至 10 月初在树基附近土中结茧越冬，卵多成块产在叶背。

30. 显脉球须刺蛾

【识别口诀】该刺蛾特别胆大，休息时倒悬朝下，下唇须尤其特别，过头顶如同尾巴，须端部毛簇球形，白颜色美丽如花。

【防治口诀】球须刺蛾模样怪，幼虫食叶来为害；习性类似扁刺蛾，防治参考来得快。

【形态特征】属于鳞翅目刺蛾科，幼虫取食茶、枣、柿、咖啡、蕉、玫瑰等各种林木的叶片。幼虫腹面黄色，背面绿色，有两列浓密枝刺，臀节具黑点。幼虫老熟后将所在叶的近叶柄处咬断，随叶掉落地面，然后爬至石块下或入土 0.5 ～ 4.0 厘米深处结茧，其深度随土质的松紧而定。成虫静伏时头部向下倒挂，下唇须长，向上伸过头顶，端部毛簇整个白色如球（所以叫“球须”）；头和胸背黑褐色，腹背橙黄色；前翅暗褐色到黑褐色（雌蛾色较淡），满布银灰色鳞片，缘毛基部褐色似成一带，端部淡黄色。一般一年发生 2 ～ 3 代。

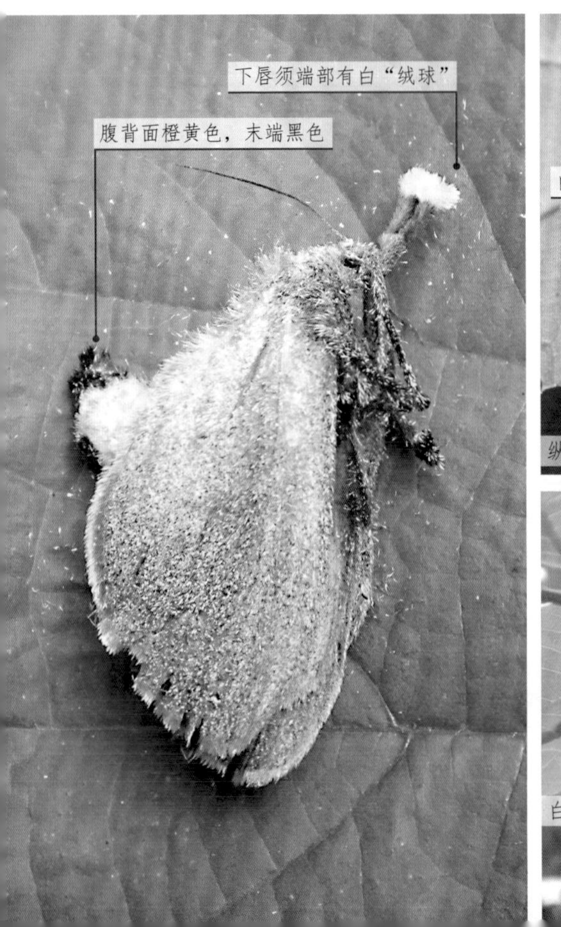

纵带球须刺蛾幼虫

白天里倒挂休息，为低调身穿褐衣

31. 枣奕刺蛾

【识别口诀】幼虫背上背古钱，圆形蓝色有四点；每节枝刺有四个，红色粗大较显眼。

【防治口诀】可参考扁刺蛾防治口诀。

【形态特征】又叫枣刺蛾，属于鳞翅目刺蛾科，幼虫取食枣、梨、杏、桃、柿的林木叶片。老熟幼虫体长约 20 毫米，黄绿色，长圆筒形，头小，缩入前胸内。体背各节有钱形蓝斑，斑周白色，四角蓝黑色；亚背线与气门上线间有蓝绿色条纹；各体节有 4 个红色枝刺，以尾部两个较大。成虫翅展 30 毫米左右，深棕褐色。前翅中部黄褐色，近外缘处有菱形斑相连，靠前缘有一褐斑，后缘有一红褐色斑。一年发生 1 代，以老熟幼虫在树干基部周围表土层 7 ～ 9 厘米的深处结茧越冬，次年 6 月上旬越冬幼虫化蛹。卵块多产于叶背。

32. 斜纹刺蛾

【识别口诀】它是刺蛾中败类，幼虫无刺还挺美；扇形身体软而滑，玲珑剔透色青翠；背上两条黄隆带，上有粉斑来点缀；幼虫爱吃栎类叶，平时吃住在叶背。

【防治口诀】参考扁刺蛾防治口诀。

【形态特征】属于鳞翅目刺蛾科，幼虫以板栗、栎类林木叶片为食，常躲在叶背将叶片蚕食成缺刻或食光。幼虫扇形，刺毛全部退化不见，背面光滑柔软，身体淡绿色，老熟幼虫沿背部有两条黄色纵向隆起带，并形成合围，带上装饰有粉色斑。成虫个体不大，暗黄褐色，前翅上有特征性斜暗纹。长江流域6月幼虫为害，7月成虫出现。

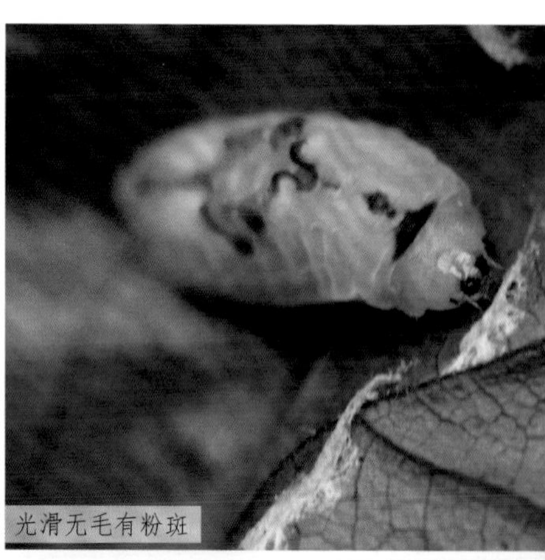

光滑无毛有粉斑

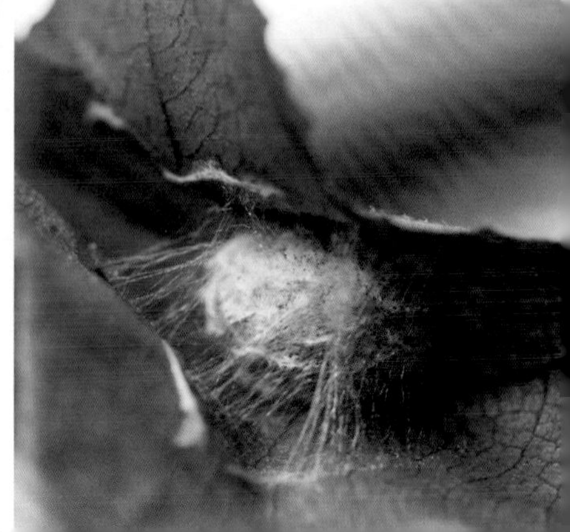

33. 丽绿刺蛾

【识别口诀】刺蛾如果小，识别看刺毛：丽绿刺蛾上，橙刺很高调；腹部第一节，肉瘤上面找；四个黑毛丛，尾端容易瞧。

【防治口诀】刺蛾防治要趁早，防止输入查种苗。保护释放寄生蜂，招引鸟雀挂鸟巢。冬季结茧枝干上，收集砸扁仔细找。低龄食叶挤一起，带叶除虫趁虫小。飞蛾扑火是本性，架设灯源夜间照。诱集成虫糖醋液，按照比例精心调。幼虫发生比较多，化学防治用农药；选择晴天防药害，树冠内外喷周到。

【形态特征】幼虫取食悬铃木、柿、石榴、银杏、枫杨等多种林木的叶片。幼虫翠绿色，亚背线和各枝刺刺毛翠绿色；第 1 腹节枝刺上有几根橙色刺毛；体末端有黑色刺毛组成的绒毛状毛丛 4 个。成虫雄虫触角基部数节为单栉齿状；头、胸、前翅绿色；前翅外缘有灰红褐色带宽；基斑尖刀形，紫褐色；外缘和基部之间翠绿色。一年发生 2 代，以老熟幼虫在枝干中下部结茧越冬。卵产于叶背，数粒至百余粒排列成鱼鳞状，上覆浅黄色胶状物。

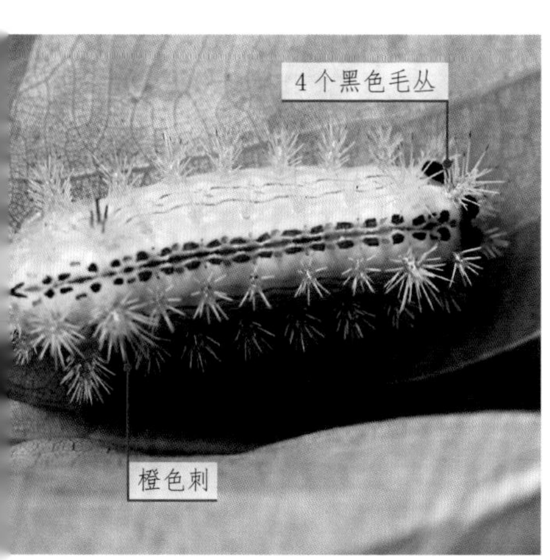

34. 两色绿刺蛾

【识别口诀】幼虫有刺莫亲近，识别体色多留心；老熟幼虫黄绿色，背线颜色是灰青；体背每节刺瘤处，色斑墨绿半圆形。

【防治口诀】参考扁刺蛾防治口诀。

【形态特征】属于鳞翅目刺蛾科，幼虫蚕食竹类等植物的叶片。幼虫无腹足，肥大。老熟幼虫黄绿色，背线青灰色，体背每节刺瘤处有一个半圆形墨绿色斑。幼虫共 8 龄，低龄幼虫喜群集为害，吃完一叶转移时，头尾相连，单行爬行，5 龄后分数取食。成虫头顶、前胸背面绿色，腹背棕褐色，末端浓褐色；前翅绿色，后翅棕褐色。一年发生 1 代，以老熟幼虫在竹蔸周围 1 ～ 3 厘米深土壤中结茧越冬，次年 5 月化蛹。成虫白天隐蔽在竹叶背面，有趋光性。卵多以单行或双行排列于林冠下部叶背中脉两边。

35. 黄刺蛾

【识别口诀】刺蛾幼虫长满刺，人们称它洋辣子；身体肥短无腹足，滑动行走蛞蝓似；体背有斑紫褐色，状如哑铃好认识；色彩鲜艳很醒目，警告天敌莫捕食；刺毛有毒如被蜇，疼辣难忍需医治；虫茧坚硬似鸟蛋，蛹在里面好舒适。

【防治口诀】刺蛾为害要防治，群防群治是主旨。买卖苗木细检查，带入虫源严禁止。冬季树上收虫蛹，带壳盐爆人可食；也可剪下随枝条，也可敲碎蛹砸死。低龄幼虫挤一起，带叶摘下防毒刺。保护天敌命难留，或被寄生或被吃。成虫喜光夜扑火，杀虫灯具巧设置。幼虫盛发可喷药，低龄更易被控制；阿维菌素灭幼脲，触杀胃毒都好使。

【形态特征】幼虫取食枫杨、柿、核桃、石榴等林木的叶片。幼虫长方形，体背有一紫褐色哑铃形大斑，边缘发蓝；身体自第二节起各节有枝刺，其中第三、四、十节的较大。成虫前翅自顶角有 1 条细斜线伸向中室，外侧为黄褐色，内侧为黄色；后翅浅褐色。一年发生 1 ～ 2 代。卵多产在叶背，单产或数粒在一起。

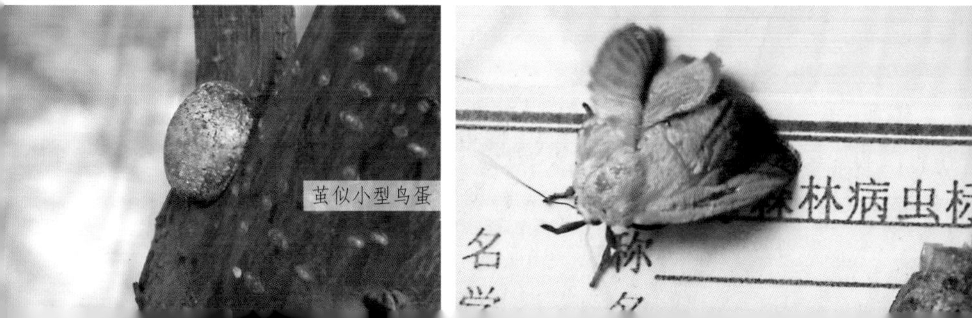

36. 黑眉刺蛾

【识别口诀】这种刺蛾体也扁，幼虫无刺是特点；体圆背隆像乌龟，浅黄亚背线明显。

【防治口诀】参考黄刺蛾防治口诀。

【形态特征】属于鳞翅目刺蛾科，幼虫取食杨、桑、枣、核桃、榆、樟等多种林木的叶片，低龄幼虫啃食叶肉，稍大可造成缺刻或孔洞。幼虫老熟时黄绿色，体长约10毫米；头小缩于胸下，体光泽不被枝刺，密布小颗粒突起，形似小龟；亚背线浅黄色，隆起，其上有一列蓝黑斑点。成虫黄褐色，有银色光泽，前翅有浅褐色浓淡不均的云状斑纹。茧表面光滑，腰鼓状。一年发生2代，以老熟幼虫在树杈上和叶背面结茧越冬。卵块产于叶背，每块有卵8粒左右。

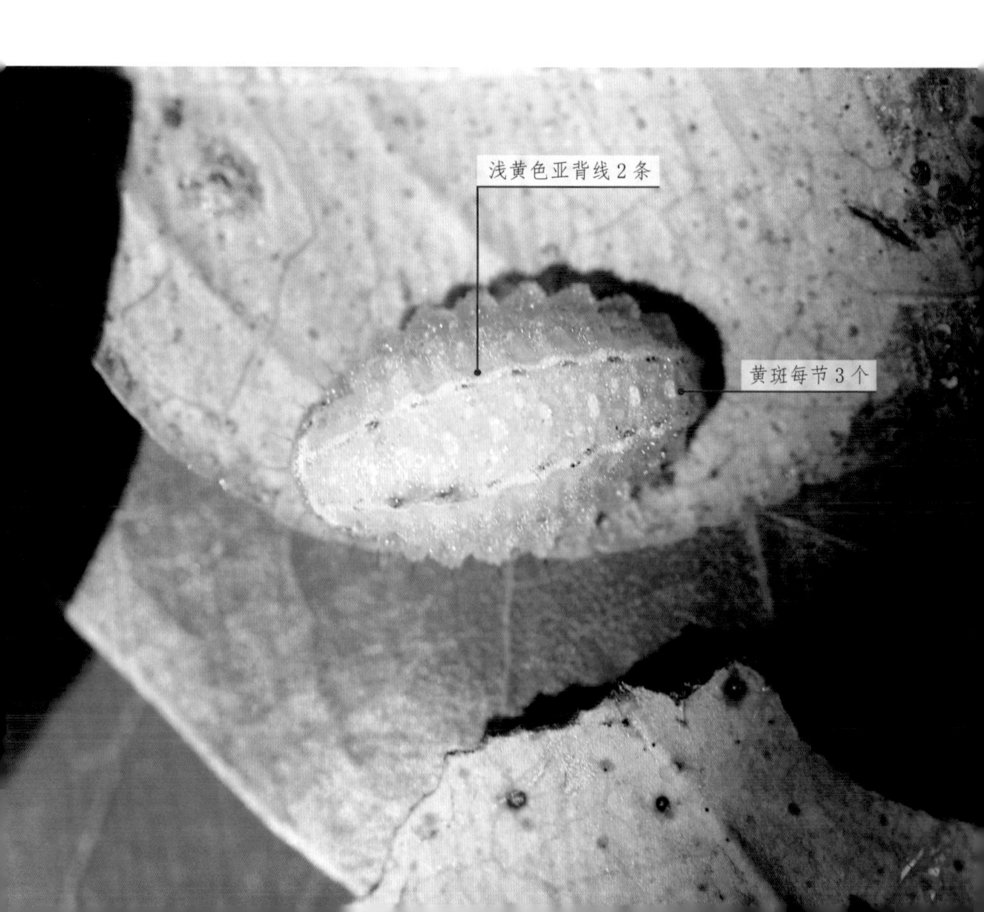

37. 美国白蛾

【识别口诀】美国白蛾，作恶多多；严防死守，幸未沾惹。成虫好认，虫体白色；前足基节，腿节观摩；橘黄颜色，不要搞错。老熟幼虫，头是黑色；体背有带，黑瘤附着。

【防治口诀】要说防治，贵在坚持：检疫检查，虫源排斥。虫情监测，有的放矢。性引诱剂，灯光设置；诱捕成虫，集中杀死。卵期查卵，摘除及时。摘除网幕，乘虫小时；一灭一窝，省力省时。树干缠草，温暖舒适；诱虫入住，再灭不迟。冬季挖蛹，翻动砖石；喜欢肮脏，注意方式。释放病毒，将虫收拾。农药喷洒，贵在选时；低龄幼虫，体弱难支；灭幼脲类，仔细喷施。

【形态特征】属于鳞翅目灯蛾科，幼虫取食杨、柳、柿、枫杨等百余种林木的叶片。老熟幼虫体背有一黑纵带，各体节毛瘤发达，上生白色或灰白色杂黑色及褐色长刚毛的毛丛。成虫体、翅白色，雄蛾前翅从无斑到有浓密的褐色斑，雌蛾前翅常无斑，越冬代斑数明显多于越夏代；前足基节、腿节橘黄色；茧椭圆形，薄而丝质，外有网状物。

38. 人纹污灯蛾

【识别口诀】人纹污灯蛾，体翅多白色，两翅合拢时，“人”字翅上着，红色腹背上，黑点可观摩。

【防治口诀】蛹期多灭蛹，特别是隆冬；清园扫落叶，翻耕土松动；杀灭越冬蛹，直接或被动。树干围草把，诱虫来越冬；春季羽化前，随草投火中。平时常检查，灭卵多主动。摘除带虫叶，虫小爱集中。幼虫爱假死，摇枝来惊动；收集地上虫，消灭更从容。飞蛾爱扑火，灯光诱成虫。保护众天敌，步甲绒茧蜂。喷洒用农药，一旦为害重；烟碱灭幼脲，药剂轮换用。

【形态特征】又叫红腹白灯蛾、人字纹灯蛾。幼虫取食桑、木槿、蔷薇、榆等林木和蔬菜叶片。幼虫头部黑褐色，身体淡黄褐色，有棕黄色长毛；亚背线褐色，毛瘤灰白色。成虫头、胸黄白色；前翅面白色，后翅略带红色，前翅外缘至后缘有1列斜黑点，两翅合拢时，黑点呈“人”字形排列。一年发生2～4代，在地表落叶或浅土中吐丝粘合体毛结茧化蛹越冬。卵多产于叶背，单层块状排列成行。

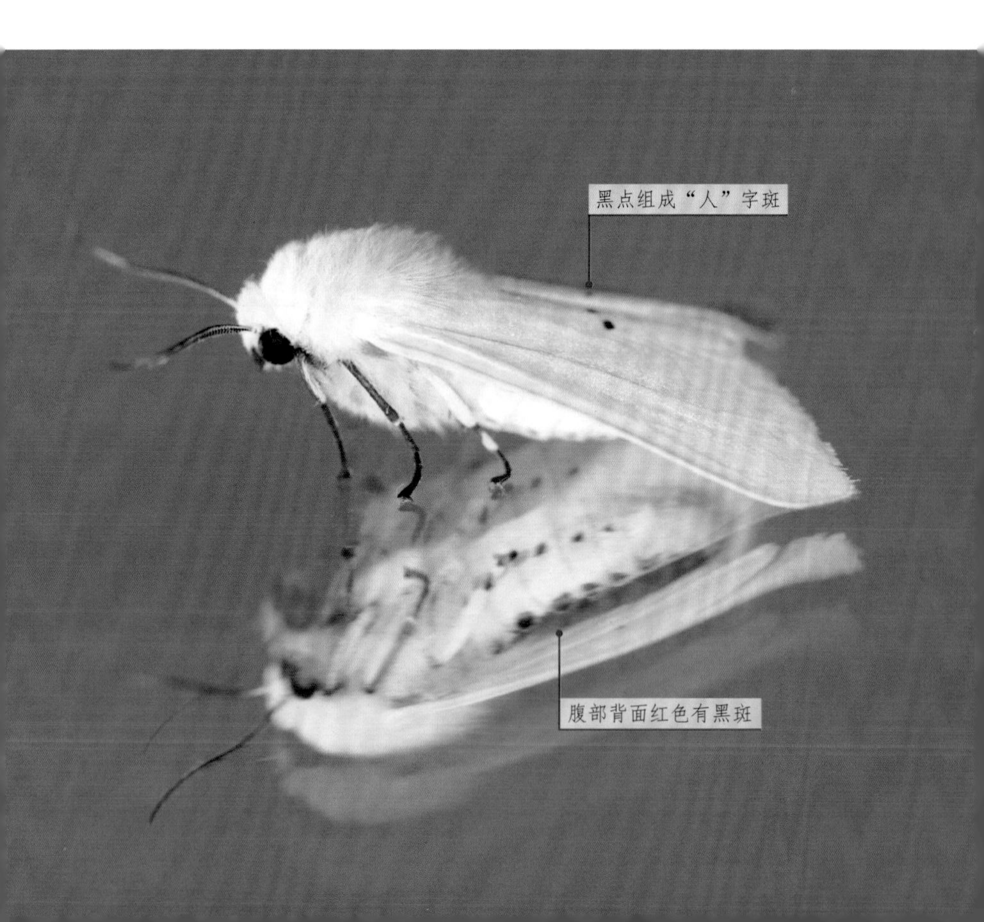

39. 粉蝶灯蛾

【识别口诀】粉蝶灯蛾，头是黄色；白色前翅，翅脉暗褐；白天访花，晚上扑火；色似粉蝶，行动笨拙；休息之时，翅铺体侧；羽状触角，也好观摩。

【防治口诀】可参考人纹污灯蛾防治口诀。

【形态特征】属于鳞翅目灯蛾科，幼虫取食柑橘、无花果等林木叶片为害。老熟幼虫头部红色，体背中央白色，两侧有黑色毛丛。成虫似菜粉蝶，但触角为羽状，且行动较缓慢；头、颈板黄色；腹部白色，末端黄色，背面、侧面具黑点列；前翅白色，翅脉暗褐色，翅上有多个黑褐斑，其中臀角上方斑较大。后翅白色，中室下角处有一暗褐斑，亚端线暗褐斑纹若干。成虫白昼喜访花，有趋光性。

40. 臭椿皮蛾

【识别口诀】臭椿皮蛾爱吃椿，一年两代把叶啃；老熟幼虫好认识，深黄头部淡黄身；体背各节有褐纹，白色长毛瘤上生；长扁圆茧土黄色，神似树皮难区分。成虫足腹橘黄色，前翅狭长是特征；白色纵带翅面布，把翅分成两部分；前半部分灰黑色，后半赭灰色不深；后翅大部橘黄色，蓝黑宽带外缘存。

【防治口诀】结茧树干上，防治可帮忙：冬春季节早，砸茧蛹死亡。幼虫爱假死，振枝落地上；踩烫或喷雾，虫弱难抵挡；收集喂鸡鸭，环保鸡营养。保护其天敌，寄蜂鸟螳螂。成虫羽化期，诱杀用灯光。幼虫发生多，喷药是选项；菊酯灭幼脲，低毒莫要忘。

【形态特征】又叫臭椿皮夜蛾，属于鳞翅目夜蛾科，幼虫取食臭椿、香椿等林木的叶片。老熟幼虫各节具生有灰白长毛的瘤状突起，幼虫受到惊扰后易坠落和脱毛。成虫腹部橘黄色，背面中央及两侧各有 1 列黑斑。前翅狭长，前缘区黑色；后翅三角形，橘黄色，外缘有蓝黑色宽带。在老枝和树干上作茧化蛹越冬，卵散产于叶背。

41. 果剑纹夜蛾

【识别口诀】幼虫体窄略似剑，绿身红褐背上线；黑色毛瘤线边长，瘤上黑毛较显眼。

【防治口诀】成虫灯光诱，也可用糖醋。秋末勤清园，翻土把蛹搜。释放绒茧蜂，天敌将其收。遇见虫少量，夹死莫用手。化防要趁早，喷匀且喷透；连喷两三次，间隔留足够。

【形态特征】又叫樱桃剑纹夜蛾，属于鳞翅目夜蛾科，幼虫取食桃、梨、苹果、山楂等多种林木的叶片。幼虫体绿色或红褐色；头部褐色，有深斑纹；前胸盾倒梯形，深褐色；体背有一红褐色纵带，亚背线赤褐色；气门上线黄色，中胸、后胸和腹部2、3、9节背部各具黑色毛瘤1对，腹部1、4～8节背部各具黑色毛瘤2对，生有黑长毛。老熟幼虫爬到地面结茧或不结茧化蛹。成虫前翅灰黑色，后缘区暗黑，有黑色剑纹。昼伏夜出，具趋光性和趋化性。一年发生2～3代，以茧蛹在地上、土中或树缝中越冬。卵单产于枝条上部叶背的主脉两侧。

42. 梨剑纹夜蛾

【识别口诀】撮撮毛丛怪吓人，点点紫红靠气门；背上黑斑是一列，斑中黄点也好认。

【防治口诀】幼虫初孵化，吃叶叶斑驳；仅仅吃叶肉，表皮它不惹；稍大叶全吃，缺洞叶上搁；幼虫头黑色，体褐暗褐色；纹似大理石，身上长毛多；各节毛瘤大，人见皮起疙；一年二三代，越冬土做舍；虫态是虫蛹，五月变飞蛾；蛾有趋光性，昼伏夜出没；卵产叶背芽，块状排列着；幼虫孵化后，首先吃卵壳；吃叶先集中，后期各顾各；六月做黄茧，吐丝叶上设；循环以往复，防治有良策；深翻树盘土，灭蛹于秋末；糖醋液诱杀，黑光灯招惹；各代幼虫初，杀虫剂喷射。

【形态特征】属于鳞翅目夜蛾科，幼虫取食梨、苹果、梅、山楂等林木的叶片。幼虫背线为黄白色点刻及黑斑 1 列，亚背线有 1 列白点；气门下线紫红色间有黄斑，腹部第 1、8 节背面隆起；各节毛瘤上有褐色长毛。成虫前翅有 4 条横线，外缘有 1 列黑斑，中室内有 1 个圆形斑。一年发生 2 ～ 3 代，卵块产于叶背或芽上。

43. 桑剑纹夜蛾

【识别口诀】幼虫刚毛长又密，灰白黄色较稀奇；背上一溜大褐斑，容易识别容易记。

【防治口诀】可参考果剑纹夜蛾防治口诀。

【形态特征】又叫香椿灰斑夜蛾、香椿毛虫、桑夜蛾，属于鳞翅目夜蛾科，幼虫蚕食香椿、山楂、桃、梅、柑橘、桑等林木的叶片。老熟幼虫头黑色，刚毛较长，灰白色至黄色；每节背面各有 1 个褐色不规则斑，其中以第 3 ～ 6 及第 8 腹节最大；身体密布小刺。成虫头部及胸部灰白色略带褐色；前翅灰白色带褐色，基部剑纹黑色，端部分枝。成虫昼伏夜出。一年发生 1 代，老熟幼虫于 9 月上旬下树于土中结茧化蛹越冬。卵多产在枝条下近端部嫩叶面上，每块数十至数百粒。

44. 胡桃豹夜蛾

【识别口诀】前翅橘黄很漂亮，更有白斑布翅上；顶角白斑比较大，四个黑斑斑中长；另有三个小黑点，翅缘排列可观赏。

【防治口诀】可参考果剑纹夜蛾防治口诀。

【形态特征】属于鳞翅目夜蛾科，幼虫取食枫杨、胡桃、山核桃、化香、青钱柳等林木的叶片。幼虫青绿色，无毛，俗称青虫，头部有 12 个小黑点，在体两侧上方各有紫黄色线 1 条，臀足较长，向后方伸出。成虫头、胸白色，前翅橘黄色，布满大小不规则的多边形白斑，顶角有一大白斑，内有 4 个小黑斑；外缘后半部有 3 个黑色斑点。一年发生 4 ～ 6 代，世代重叠。老熟幼虫在枯枝落叶、矮小灌木、杂草上或石块下结茧化蛹越冬。卵单粒散产于叶背。

45. 斜纹夜蛾

【识别口诀】斜纹夜蛾灰褐身，成虫前翅有斜纹；斜纹灰白比较宽，昼伏夜出怕见人。幼虫体色多变化，三角黑斑助辨认。

【防治口诀】斜纹夜蛾食性杂，防治讲究综合化；保护天敌如鸟雀，蜘蛛步甲和蛤蟆。翻耕土壤或灌水，杀灭虫源在地下。平时留意枝与叶，卵块幼虫随手杀；大龄幼虫爱假死，摇动枝叶虫落下；集中收集踩或烫，变废为宝喂鸡鸭。成虫可用灯光诱，糖醋液诱也不差。虫口较多用药喷，治早治小效更佳。

【形态特征】又叫莲纹夜蛾、黑头虫等，幼虫取食多种果木、花卉等植物的叶片、嫩茎、花蕾为害，食性杂，食量大。老熟幼虫体长 38 ～ 50 毫米，体色多变，有黑褐、褐、灰绿等色，背线和亚背线黄色，中胸至第 9 腹节背面各有 1 对三角形的黑斑。成虫体暗褐色，胸部背面有白色丛毛，前翅灰褐色，翅面有一条灰白色宽阔的斜纹。一年发生 4 ～ 9 代，一般以老熟幼虫或蛹在土中、杂草中越冬。卵多产于高大、茂密的边缘植株中部的叶片背面叶脉分叉处，外覆黄白色毛。

成虫会长距离迁飞

46. 旋目夜蛾

【识别口诀】旋目夜蛾吸果汁，翅上圆眼是标志；眼斑又似小蝌蚪，盘曲游弋波纹直。

【防治口诀】可参考斜纹夜蛾防治口诀。

【形态特征】属于鳞翅目夜蛾科，幼虫取食合欢等林木的叶片，成虫吸食梨、苹果、葡萄、柑橘等各种果实汁液造成烂果。幼虫栖息时将身体伸直紧贴枝干或树皮上。头部褐色，有黑色纵带；体灰褐色至暗褐色，有多条由黑点组成的纵纹。成虫翅展 60 ～ 62 毫米，前翅有蝌蚪形黑斑旋转状，斑尾部上旋与外线相连如同一对眼睛；外线至外缘的波状暗色横线不达前缘；翅基部有弧形横线。后翅基部约有 1/3 色稍暗。一年发生 2 ～ 3 代，在枯叶中化蛹越冬。

47. 苎麻夜蛾

【识别口诀】该蛾幼虫有两种，体色斑纹各不同；黄白类型头黄褐，气门四周是桃红；黑色类型黑身体，黄白短线背上横；幼虫遇惊爱假死，或者左右头摇动。

【防治口诀】苎麻夜蛾好防治，借助翻耕蛹杀死。带叶摘卵和幼虫，积少成多在平时。加强营林林健康，保护天敌鸟招至。虫小可撒草木灰，虫多救急药喷施。

【形态特征】又叫摇头虫，属于鳞翅目夜蛾科，幼虫取食构树、榆树、苎麻、黄麻等植物的叶片。末龄幼虫体长 60 ～ 65 毫米，头红色。胴部颜色有黄白色和黑色两型，前者体色黄白，各腹节背面有 5 ～ 6 条黑色横线；后者体黑色，各腹节背面有 5 ～ 6 条黄白色短横线。成虫前翅深茶褐色，顶角色浅，有多条黑褐色波状横线；后翅有淡青蓝色略带紫光横纹 3 条。一年发生 2 ～ 4 代，以成虫或蛹越冬。卵成块状产于寄主中下部叶片的背面。

▲ 青蓝横纹三条

黑色型幼虫

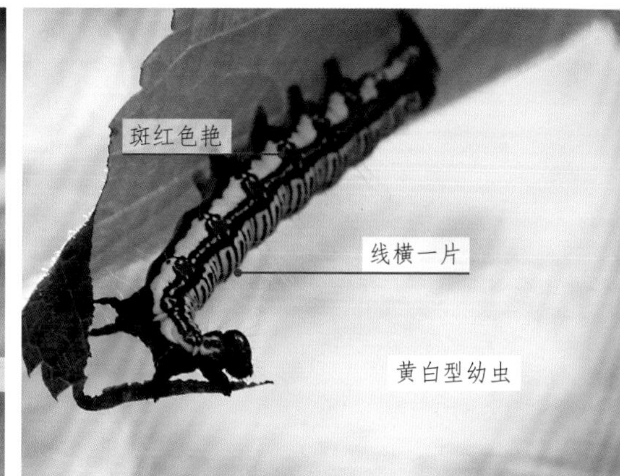

黄白型幼虫

48. 栎黄枯叶蛾

【识别口诀】栎黄枯叶蛾，四翅黄绿色；前翅有大斑，矩形色黑褐；亚外缘线处，断斑连成波。

【防治口诀】说到防治也简单，培育森林近自然；乡土树种多扶持，针阔混交覆山峦；加强管理树健康，环境优异天敌繁。卵块排列像毛虫，冬季人工摘虫卵。幼虫孵后挤一起，带虫摘叶保安全。茧黄形似双驼峰，结合修剪将其捡。成虫具有趋光性，诱灯诱杀在林间。喷施 Bt 灭幼虫，生物制剂多推荐。溴氰菊酯灭幼脲，治小治早根治断。

【形态特征】又叫青黄枯叶蛾，属于鳞翅目枯叶蛾科，幼虫取食板栗、栎类、山楂等多种林木的叶片。幼虫前胸背板中央有黑褐斑，前缘两侧各有一黑色大型瘤突，上生一簇黑色长毛，常向前伸达头前方；其他各节于亚背线、气门上下线及基线处各具一黑色瘤状小突，其上生有刚毛一簇。6 月下旬到 8 月上旬为幼虫危害高峰期。成虫四翅黄绿色，前翅面有一近矩形的黑褐色大斑；外缘线黄色，波浪状。一年发生 1 代，以卵越冬。卵块排成 2 行，酷似毛虫。

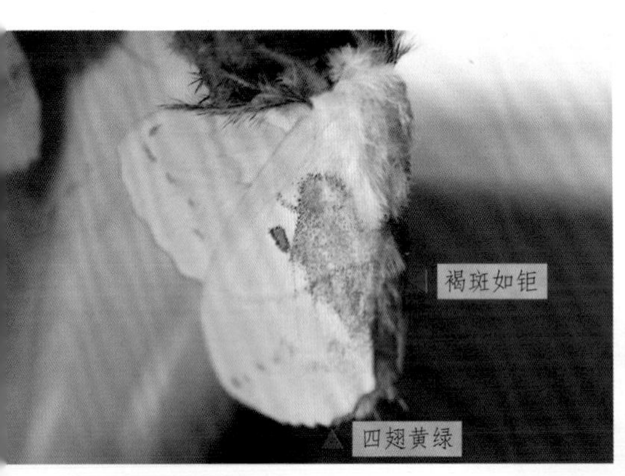

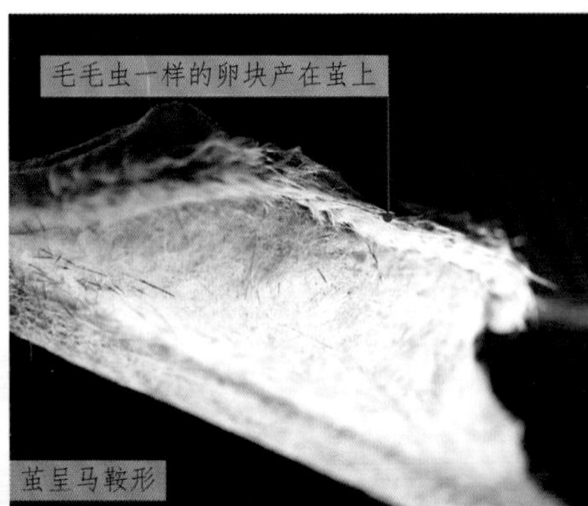

49. 竹黄枯叶蛾

【识别口诀】枯叶蛾，像枯叶，翅上斑纹利识别；黄白斑，翅上贴，一大一小看真切。

【防治口诀】可参考栎黄枯叶蛾防治口诀。

【形态特征】又叫竹黄毛虫，属于鳞翅目枯叶蛾科，幼虫取食竹类、芦竹等植物叶片。成虫体、翅橘红或红褐色，前翅顶角至中室端下方有一紫褐色斜线，斜线至外缘区粉褐色。中室末端有一大一小的黄白色斑，有时两斑纹连一起。中室下方至后缘靠基角区鲜黄色。

50. 马尾松毛虫

【识别口诀】马尾松毛虫，浑身毛茸茸；体长两三寸，灰黑或棕红；体背有纵带，带宽暗绿浓；两侧灰白色，识别可倚重；簇生蓝黑毛，刚毛蜇人痛。

【防治口诀】马尾松毛虫，越冬树缝中；要说其防治，平时多用功。不栽纯松林，树杂虫头痛。加强林管理，轮流山禁封；生物多样化，自然多倚重。善待其天敌，招鸟挂鸟笼；卵期孵化前，释放赤眼蜂。冬季刮树皮，幼虫不抗冻。树矮人摘茧，采卵捕幼虫。架设黑光灯，诱杀其成虫。开春虫上树，毒环设路中；环设两丈高，触杀把药用；或捆塑料布，光滑路不通。虫多欲成灾，农药来防控；飞防地面喷，燃烟也轻松；菊酯灭幼脲，统防齐行动。

【形态特征】属于鳞翅目枯叶蛾科，幼虫取食松属林木的针叶。老熟幼虫体色变化较大，各节背面有橙红色或灰白色的不规则斑纹；背中央有暗绿色宽纵带，两侧灰白色，第 2、3 节背面簇生蓝黑色刚毛。一年发生 2 ～ 3 代，以幼虫于树干下部皮缝里越冬。卵块产在寄主针叶或小枝上。

在松针上结茧

51. 松大毛虫

【识别口诀】松大毛虫个头大，幼虫贪吃食性杂；胸背两个红褐斑，倒三角形把敌吓；两列黑斑在腹背，每节两个齐刷刷。

【防治口诀】松大毛虫，有毒莫碰；多招天敌，鸟类寄蜂；改善环境，相互平衡。勤加监测，避免被动；虫口若多，人为调控：摘茧收卵，捕蛾用灯；孵化盛期，低龄幼虫；白僵菌类，尽量倚重；低毒农药，应急使用；喷要均匀，熏应无风。

【形态特征】又叫大灰枯叶蛾，属于鳞翅目枯叶蛾科，幼虫取食甜槠、松类、栎类、杜鹃、木荷等林木的叶片。末龄幼虫长约 100 毫米，灰褐色或灰白色，胸背有 2 个红褐色三角形大斑，腹背各节有 2 个黑色三角斑排成纵列。成虫翅展 100 ～ 142 毫米；雌蛾触角米黄色，体翅栗褐色；前翅面 4 条浅灰褐色横线形成 2 条平行宽带，两宽带间暗褐色，内具白点；白点位于中室端，略呈三角状；臀角上下排列有 2 个长圆形黑点，由内横带经中室至外缘区呈暗色影斑；后翅中间有一弧形浅灰褐色宽带，宽带内、外侧呈深褐色斑纹。雄蛾体色略深，体形较小。卵圆形，端部有一褐色圆斑。

52. 大袋蛾

【识别口诀】袋蛾是蓑蛾，俗称避债蛾；护囊如蓑袋，虫在囊中躲；昼伏夜出行，负囊叶上挪。袋蛾种类多，先认大袋蛾；虫囊纺锤形，囊外附叶屑；甚至有枝梗，一看便认得。幼虫吃叶片，虫幼叶斑驳；长大啃叶片，成孔和缺刻；为害严重时，枝皮不放过。每年一二代，越冬囊中缩。

【防治口诀】幼虫爱背袋，防治把袋摘。苗木严检疫，虫源排在外。保护寄生蜂，天敌多关怀。成虫爱夜光，灯光诱其来。幼虫为害多，喷药杀得快；打孔再注药，效果也不赖。

【形态特征】又叫大蓑蛾，属于鳞翅目蓑蛾科，幼虫取食枫杨、柳、银杏、柏树等林木的叶片、嫩皮及幼果。幼虫居于丝质护囊（袋）中，护囊纺锤形，长50～80毫米，表面常附有碎叶片或小枝条。雌幼虫较肥大，胸部各节背面黄褐色，上有黑褐色纵斑纹；雄幼虫较瘦小，色较淡，黄褐色。雌成虫无翅，乳白色，蛆状；雄成虫黑褐色，前翅有4～5个透明斑。一年发生1代，华南2代，以老熟幼虫在袋囊内越冬。卵产于护囊内，一般2000～3000余粒。

大袋蛾袋囊比较大，袋囊外有枯叶粘夹

53. 茶袋蛾

【识别口诀】再认茶袋蛾，护囊枯枝色；密质橄榄形，织囊不凑合；囊外枝纵排，整齐如切削。

【防治口诀】可参考大袋蛾防治口诀。

【形态特征】又叫避债蛾、背包虫，属于鳞翅目蓑蛾科，幼虫取食油茶、悬铃木、侧柏、柳、石榴、樱花等多种林木和农作物的叶片。幼虫生活在丝质护囊（袋）中，于护囊（袋）中化蛹，护囊橄榄形，丝质表面有小枝梗纵向平行排列。幼虫头黄褐色，散布黑褐色网状纹，胸部各节有 4 个黑褐色长形斑，排列成纵带，腹部肉红色，各腹节有 2 对黑点状突起，作“八”字形排列。雄成虫体、翅暗褐色，胸部有 2 条白色纵纹，前翅 2 个长方形透明斑。雌成虫退化呈蛆状，胸部有显著的黄褐色斑，腹部肥大。一年发生 1 ～ 2 代，以幼虫在袋囊内越冬。雄成虫有趋光性，卵产于护囊内。

茶袋蛾幼虫

个头中等，枝梗护身

54. 白囊袋蛾

【识别口诀】白囊袋蛾者，护囊灰白色；全用丝缀成，碎叶不沾惹。

【防治口诀】可参考大袋蛾防治口诀。

【形态特征】又叫棉条袋蛾，属于鳞翅目蓑蛾科，幼虫取食刺槐、重阳木、悬铃木、樟树、三角枫等多种林木的叶片。护囊灰白色，呈细长的长圆锥形，全部为丝质，质地致密，外表光滑不附着枝叶。幼虫孵化后爬出护囊，爬行或吐丝下垂分散到小枝叶上吐丝结袋囊，常数只幼虫群居叶上取食叶肉，移动时携囊而行，受害叶片斑斑点点，后成枯斑。越冬时转移到枝干上固定袋囊。老熟幼虫头褐色，散布黑点纹，胸部背板灰黄白色，有暗褐色斑。雄成虫体淡褐色，密布白色长毛，前后翅透明，有趋光性。雌成虫蛆状，足、翅均退化，头部较小，触角小而突出。一年通常发生 1 代，以幼虫在附着于枝干上的护囊内越冬。雌成虫交尾后在袋囊内产卵，每头雌虫可产卵 1000 粒左右。

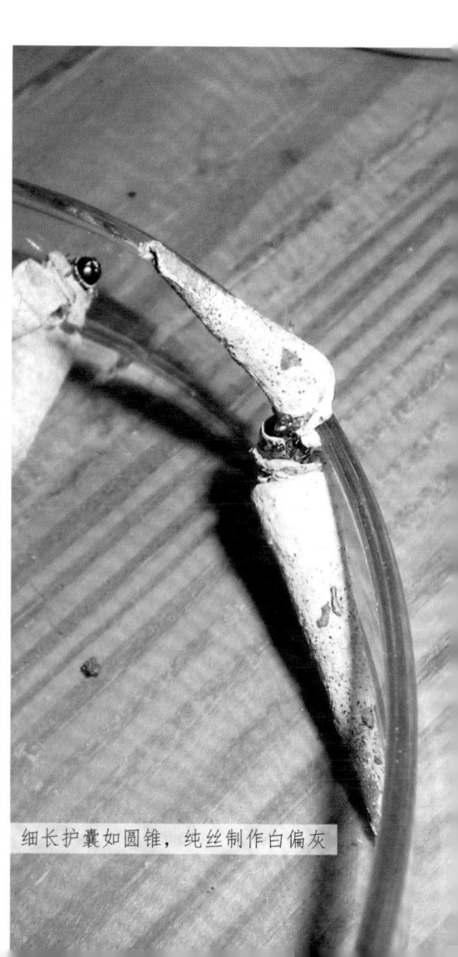

细长护囊如圆锥，纯丝制作白偏灰

55. 枇杷瘤蛾

【识别口诀】枇杷瘤蛾，幼虫黄色；蚕食叶片，形成缺刻；身体各节，毛长防蜇；一对大瘤，蓝黑颜色；生在腹背，醒目独特。

【防治口诀】保护天敌一再讲，利用生物把忙帮；冬季清园深翻土，涂白灭茧虫口降。利用成虫趋光性，诱杀成虫用黑光。残缺虫叶多观察，有虫摘叶防受伤。虫口较多喷农药，救急减灾是化防。

【形态特征】又叫枇杷黄毛虫，属于鳞翅目瘤蛾科，幼虫取食枇杷、梨等林木的叶片、嫩茎及花果。幼虫全体黄色，各体节从侧面到背面有瘤状突起 3 对，第 3 腹节亚背线上有 1 对蓝黑色毛瘤。成虫体灰色，散布暗褐色点，前翅有立起的褐色鳞片组成瘤状突起（瘤蛾的由来），内线和外线黑色，亚端线为黑色齿状纹；后翅灰褐色。一年发生 3 ～ 4 代，各代发生整齐。以老熟幼虫在寄主树干基部结茧化蛹越冬。卵散产于枇杷嫩叶背面。

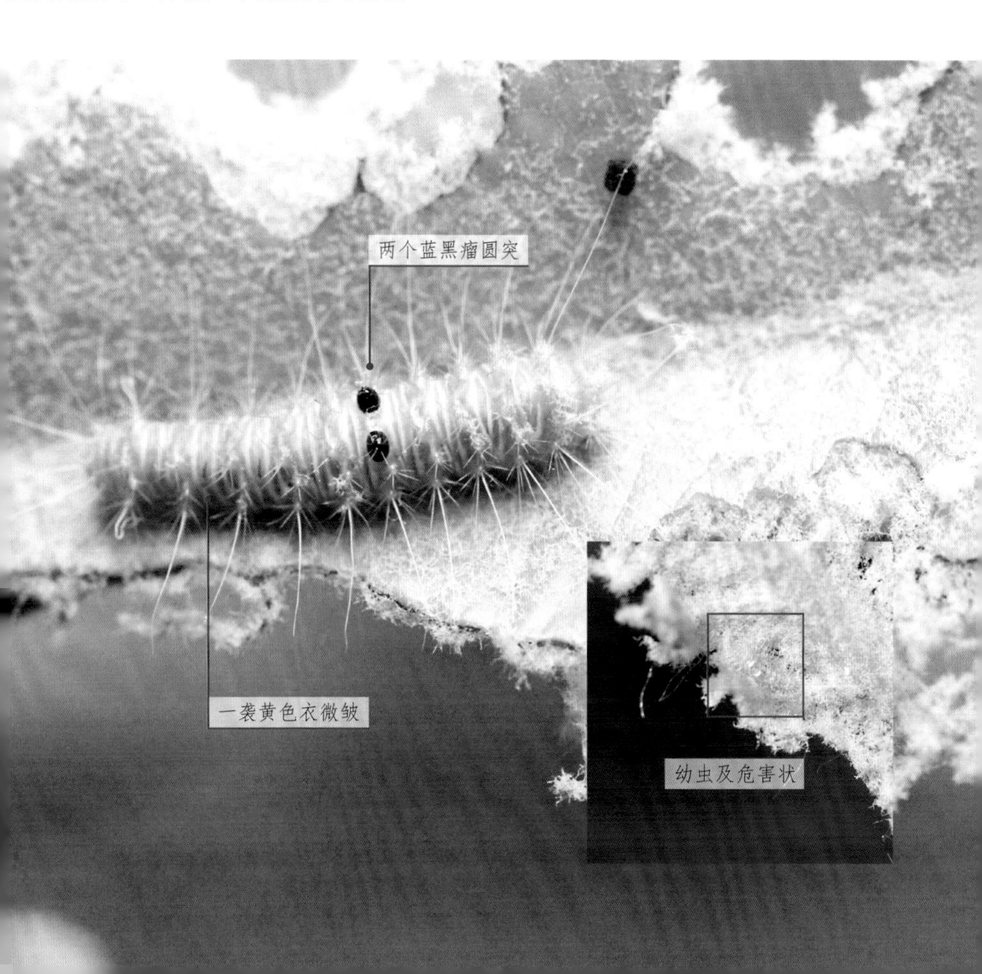

56. 乌桕癞皮瘤蛾

【识别口诀】幼虫吃乌桕，腹背有斑瘤；第一最末节，瘤斑黑溜溜；总共是两对，长毛长背后；背部纵暗纹，识别多研究。

【防治口诀】可参考枇杷瘤蛾防治口诀。

【形态特征】又叫乌桕癞皮夜蛾、乌桕伪切翅夜蛾等，属于鳞翅目瘤蛾科，幼虫取食乌桕叶片为害。幼虫黄绿色，体背密布长毛，背部呈 1 条暗色纵纹，腹背第 1 节及近末节各有 1 对黑色大瘤斑。老熟幼虫于树干上作薄丝茧化蛹，蛹扁圆形。成虫翅面灰白色，翅面具数枚黑褐色斑驳状的斑纹，前翅中央有 1 枚肾状的斑纹。

两对黑色大瘤

饲养羽化的成虫

57. 鬼脸天蛾

【识别口诀】这个天蛾很另类，弄个骷髅背上背；黄色腹部有横带，青蓝背线腹背缀；前翅黑色杂白斑，后翅杏黄显尊贵；中部基部外缘处，三条横带做比对；后角附近灰蓝斑，仅有一块也挺美。

【防治口诀】幼虫体形大，火杀夹子夹。成虫发生期，灯光来诱杀。冬季蛹越冬，翻耕收拾它。幼虫低龄期，农药早喷洒。

【形态特征】属于鳞翅目天蛾科，幼虫取食木犀科、马鞭草科的林木及芝麻、豆类等农作物的叶片及嫩茎。老熟幼虫黄绿色，头外侧有黑色纵条；前胸较小，中、后胸膨大，腹部 1 ～ 7 节体侧各具 1 条从气门线到背部的深绿色斜线，气门黑色；尾角黄色，弯向前上方。成虫身体大致黑色或褐色，胸部背面有骷髅形纹，眼斑以上有灰白色大斑；腹部黄色，有黑色横带，腹部中央有较宽的青蓝色中背线。前翅黑色，具细小白色斑点；后翅杏黄色，有棕黑色横带 3 条，后角附近有 1 块灰蓝色斑，成虫飞翔力较弱。一年发生 1 代，以蛹越冬。卵散产于寄主叶背及主脉附近。

58. 构月天蛾

【识别口诀】构月天蛾也好看，前胸背有八字斑；前翅黑斑有几个，上有白点最显眼；后缘浅斑是弧形，顶角黑斑呈半圆。

【防治口诀】可参考鬼脸天蛾防治口诀。

【形态特征】又叫构天蛾等，属于鳞翅目天蛾科，幼虫取食构树、桑树等林木的叶片。幼虫 3 龄前集中食叶，3 龄后分散取食。老熟幼虫头粉绿色，颜面有白色条纹；体黄绿色，身体每小环节上排列有白色粗粒，两侧的气门前方直达背部有斜纹。成虫体、翅茶褐色，前胸背部有“八”字形斑纹；前翅基线灰褐，内线与外线间呈比较宽的茶褐色带，中室末端有 1 个明显白点，顶角有略呈半圆形暗黑色斑，周边呈白色月牙形边。成虫昼伏夜出，会取食花蜜。一年发生 1 ～ 2 代，入土 5 ～ 10 厘米作土茧化蛹越冬。卵成堆产于叶反面端部或嫩茎上，每堆二十至百余粒。

59. 斜纹天蛾

【识别口诀】两只"大眼"圆又圆，"瞳孔"蓝色太科幻；"尾巴"粗壮紫褐色，头部缩起保安全。

【防治口诀】幼虫无毒体光滑，个大粗壮好观察；防止虫源混进来，调运苗木细检查。平时林木重管理，通风透光虫害怕。天敌招引或释放，保护鸟雀和青蛙。为害期间找幼虫，人工捕捉镊子夹。利用成虫有趋性，灯诱食诱集中抓。秋冬季节蛹不动，翻土寻找或毒杀。幼虫虫口如较多，趁早趁小药喷洒。

【形态特征】属于鳞翅目天蛾科，幼虫取食木槿、青紫藤和葡萄科植物的叶片。幼虫体表光滑，腹末具尾角，腹部第一节背侧有一对大型绿色圆眼斑；背侧线黄白色，交会于尾角基部，尾角紫褐色；气门黄色，围气门片黄褐色，幼虫有避光性。成虫体、翅灰黄色，头及肩板两侧有白色鳞毛，胸部背线棕色。前翅各横线不明显，后翅棕黑色，前缘和后缘棕黄色，成虫飞行能力强。一年发生1～2代，以蛹在寄主附近土中或枯枝落叶下筑土室越冬。卵散产于寄主叶背，通常一叶一粒。

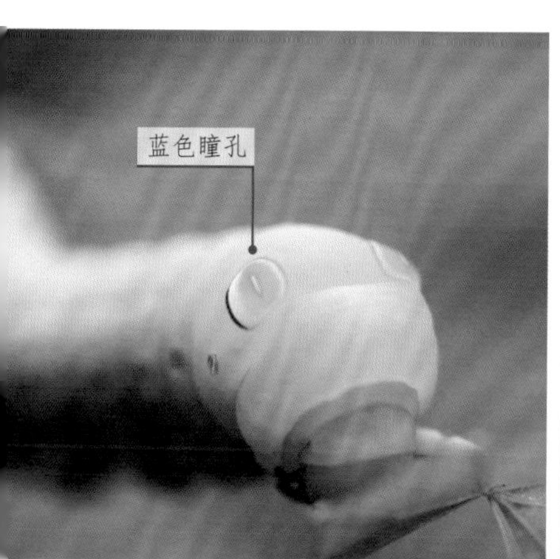

60. 裂斑鹰翅天蛾

【识别口诀】识别先从背上看，两侧浓绿褐色斑；再看前翅似鹰翅，顶角向下如弓弯；翅基褐绿斑两个，腹末三个褐绿点。

【防治口诀】可参考斜纹天蛾防治口诀。

【形态特征】属于鳞翅目天蛾科，幼虫取食核桃科、槭科植物叶片。成虫体、翅橙褐色，头顶及肩板绿色，颜面白色；胸部背面黄褐色，两侧浓绿至褐绿色，第6腹节两侧及第8节的背面有褐绿色斑；前翅内线不明显，中横线及外横线褐绿色并呈波状纹，顶角尖向外下方弯曲而形似鹰翅，在内横线部位近前缘及后缘处有褐绿色圆斑2个，靠近后角内上方有褐绿色及黑色斑。后翅橙黄色，有较明显的棕褐色中带及外缘带，后角上方有褐绿色斑。前、后翅反面橙黄色。成虫6月出现，有趋光性。北方地区一年发生1代，以蛹在土中越冬。

61. 木蜂天蛾

【识别口诀】木蜂天蛾像蜜蜂，白天访花嗡嗡嗡；黄背烟翅黑触角，虹吸长喙自不同。

【防治口诀】可参考斜纹天蛾防治口诀。

【形态特征】属于鳞翅目天蛾科，因飞行迅速，能似鹰状盘旋又叫“鹰蛾”，幼虫取食葡萄属植物，幼虫在叶背取食，于地表吐丝缀叶做茧化蛹。成虫头顶青蓝色，触角黑色；胸部背面黄色，肩板黑色；腹部各节有灰黄色鳞毛，尤以第3、8节显著；前翅烟灰色，基部有青蓝色光泽，内线、中线不分明，各翅脉黑色；后翅前缘黑色，沿中室有一段青蓝纵带。成虫白天活动于花丛间吸食花蜜。一年发生2代，卵单产。

62. 芋双线天蛾

【识别口诀】幼虫爱吃凤仙花，圆筒身体黑尾巴；两行圆斑腹侧排，斑内颜色变化大。

【防治口诀】可参考斜纹天蛾防治口诀。

【形态特征】又叫凤仙花天蛾，属于鳞翅目天蛾科斜纹天蛾属，幼虫取食葡萄、凤仙花、紫藤等植物的叶片。幼虫圆筒形，较粗大，暗褐色，胸背部有 2 行黄白色斑，每行 8 ～ 9 个；腹部侧面各有 1 列黄色圆斑，圆斑内有黄黑 2 色，也有红黑两色。体末端有尾角，尾角黑色，仅末端白色。成虫灰褐色，头及胸部两侧有灰白色缘毛；前翅由顶角到后缘有 1 条白色斜带，此外还有数条灰色细线；后翅黑褐色，有灰黄色斜带 1 条。一年发生 2 代，以蛹在土中越冬。卵散产于叶背，少数在叶面。

63. 葡萄修虎蛾

【识别口诀】昂头提臀势如虎，遇敌却把黄水吐；幼虫爱吃葡萄叶，黑点成排身短粗；两端黄色细观察，黑斑上有白毛布。

【防治口诀】翻土挖蛹，捕杀幼虫；成虫灯诱，天敌利用；幼虫多时，农药防控。

【形态特征】又叫葡萄虎夜蛾、葡萄虎蛾等，属于鳞翅目虎蛾科，幼虫取食葡萄、野葡萄、爬山虎等植物的叶片。老熟幼虫体粗大，长约 40 毫米，后端较前粗，第 8 腹节稍隆起，头橘黄色，有明显的黑斑，胸腹背面淡绿色，前胸背板及两侧为黄色，身体各节有大小黑色斑点，疏生白毛；前胸盾、臀板橘黄色，上具黑褐色毛突，臀板上的褐斑连成一横斑。幼虫白天静伏叶背，受惊时头翘起并吐黄色液体来自卫。成虫头胸部紫棕色，腹部杏黄色，背面中央有一纵列紫棕色毛簇达第 7 腹节后缘；前翅灰黄色，有紫棕色散点。一年发生 2 代左右，9 月老熟幼虫进入寄主根部附近土中做茧化蛹越冬。卵产于寄主叶背。

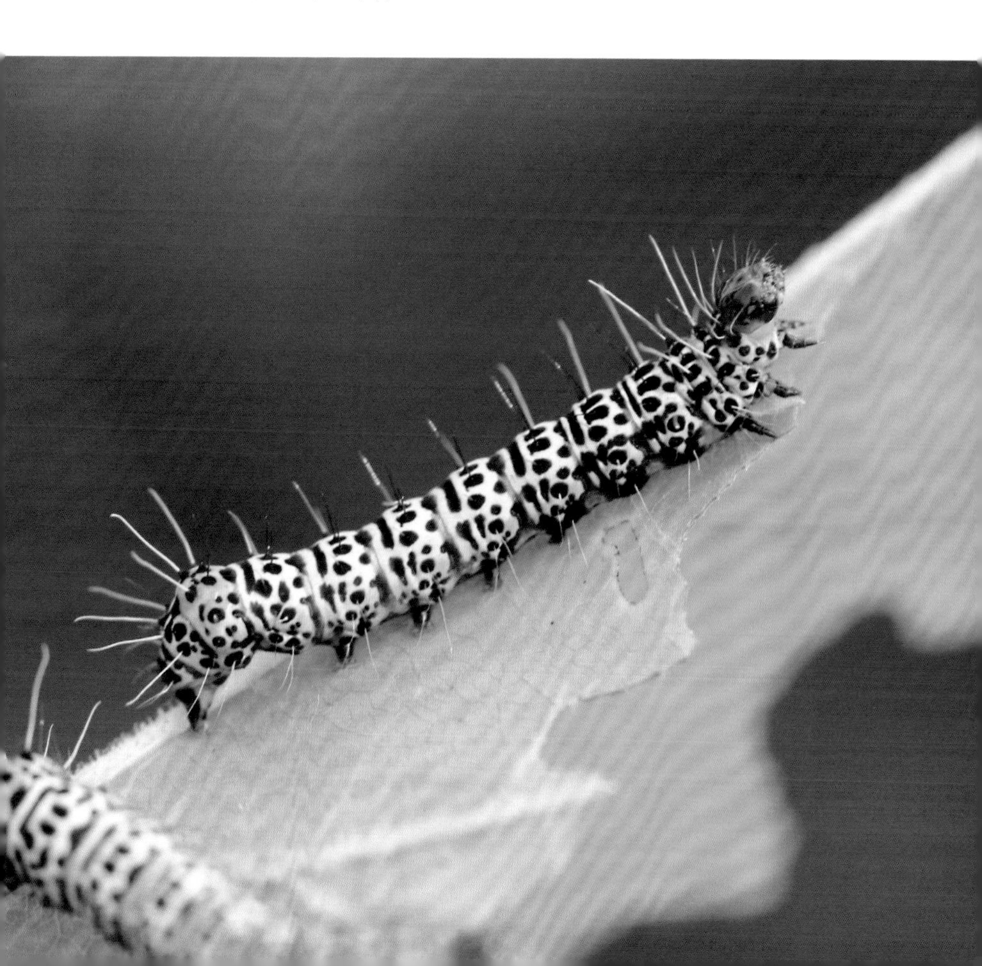

64. 青球箩纹蛾

【识别口诀】青球箩纹蛾好认，翅面上有箩筐纹；前翅青球是特征；球上黑点三五个，左右或许不对称。

【防治口诀】可参考葡萄修虎蛾防治口诀。

【形态特征】属于鳞翅目箩纹蛾科，幼虫取食女贞、桂花、水蜡等林木的叶片。1～4龄幼虫体生漆黑色丝状羚羊角形毛突（胸部2～3节各2根，第8腹节1根，臀节2根），5龄时毛突消失，仅留白疤痕。幼虫受惊后常抬起头左右摇摆，并发出“咯咯”的声音。成虫体青褐色；前翅中带底部椭圆形，上有3～6个黑点，有些个体上的黑点数量不同，或左右不对称，中带顶部外侧内凹弧形，中带外侧有6～7行箩筐形纹，排列成5垄，翅外缘有7个青灰色半球形斑，其上有形似葵花籽形斑3个，中带内侧与翅基间有6个纵行的青黄色条纹；后翅中线曲折，外侧有箩筐形条纹9垄，呈水浪纹状，外缘有1列半球状斑。一年发生2代，以蛹在寄主附近地面石块或土块下做土室越冬。卵散产于叶背。

65. 大叶黄杨长毛斑蛾

【识别口诀】大叶黄杨长毛斑蛾，幼虫毛长是它特色；前胸背有∧形黑斑，七条纵带体背附着；幼虫受惊吐丝下垂，四月危害造成缺刻。

【防治口诀】幼虫喜聚集，摘叶虫带离。修枝剪虫卵，时间在冬季。灯光诱成虫，成虫发生期。为害较重时，喷药来救急；菊酯灭幼脲，生物仿生剂。

【形态特征】又叫大叶黄杨斑蛾、冬青卫矛斑蛾等，属于鳞翅目斑蛾科，幼虫取食大叶黄杨、银边黄杨、大花卫矛、扶芳藤、丝棉木等林木的叶片。老熟幼虫体长 15 毫米左右，腹部黄绿色，前胸背板有“∧”形黑斑纹；体背共有 7 条纵带，体表有毛瘤和短毛。成虫扁圆形，体背黑色，胸背与腹部两侧有黄色长毛，腹部为黄色；前翅浅灰黑色，略透明，基部 1/3 浅黄色；后翅大小为前翅的一半，色稍淡。一年发生 1 代，以卵在枝梢上越冬，次年 3 月底至 4 月初卵孵化、为害，4 月底至 5 月初在浅土中结茧化蛹，以蛹越夏，11 月上旬成虫羽化、产卵。卵块状聚产，上附雌蛾的体毛。

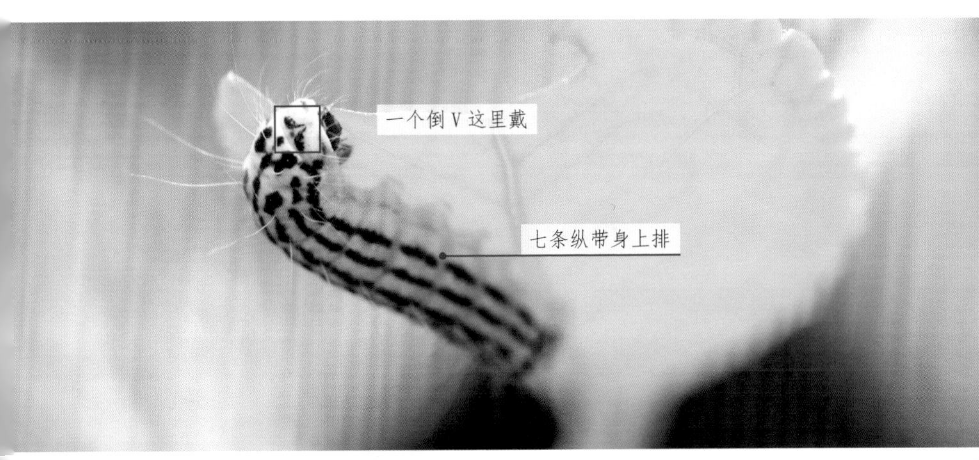

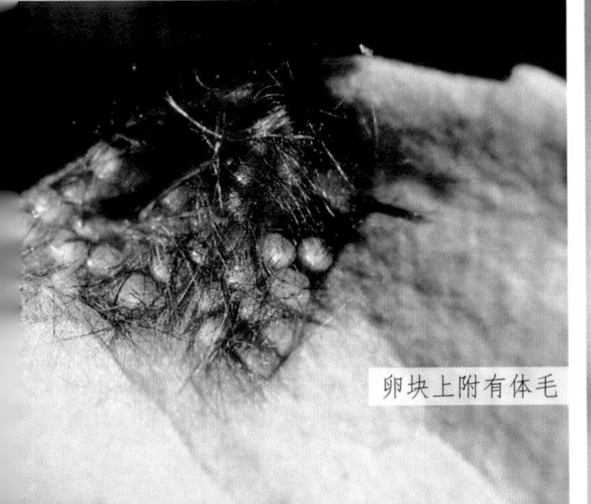

66. 条纹小斑蛾

【识别口诀】背部黄斑椭圆，黄腹带有黑环；翅近黑褐颜色，基角黄色明显；前翅四斑透明，或用黄粉填满。

【防治口诀】可参考大叶黄杨长毛斑蛾防治口诀。

【形态特征】属于鳞翅目斑蛾科，幼虫取食乌蔹莓等植物的叶芽、幼枝及嫩叶。幼虫蛞蝓型，头部缩进前胸内，从外表分不清头尾，身体橙黄色；每体节有 2 ～ 6 个毛瘤，上面簇生白色细毛，其中第 2、4、7、8 节靠近背部的 2 个毛瘤白色，其余毛瘤黑色。成虫胸背有一醒目的椭圆形黄色斑，腹部黄色带黑色环纹，在飞行的时候很容易和蜂类混淆。翅黑色，微带蓝色光泽，前翅基角黄色，放射状，前翅上有 3 个横排成列的镂空状半透明斑，有时略覆盖黄色的鳞粉，近外缘处还有 1 个透明斑。成虫羽化后喜欢在白天访花。一年发生 2 ～ 5 代，以老熟幼虫结茧越冬，各世代均有极少个体滞育。第 1 代成虫常将卵数十粒聚产于幼嫩叶片的背面，以后各代主要聚产在花蕾上。

67. 竹小斑蛾

【识别口诀】竹小斑蛾个头小，爱在竹上把叶咬；幼虫初时淡黄色，变成砖红待龄老；各节横列四毛瘤，瘤上长有成束毛；黑色毛短白毛长，见了就会忘不掉。

【防治口诀】精心培育长势旺，间伐抚育莫过量；竹林郁闭兼通风，环境优良虫难藏。益虫益鸟寄生菌，天敌保护或释放。竹矮虫少摘卵块，遇见“白叶”多思量；查找幼虫连叶摘，集中销毁其命丧。幼虫初孵抗性弱，喷药燃烟效果强。

【形态特征】又叫竹斑蛾、竹毛虫等，属于鳞翅目斑蛾科，幼虫取食竹类叶片，幼龄幼虫群集危害易形成显眼的“白叶”。老熟幼虫砖红色，体侧少数灰色或黑色，各节体背有 4 个毛瘤，瘤上有成束的灰白色刚毛。成虫体黑色，有青蓝色光泽，翅黑褐色，前缘、后缘、外缘及翅脉黑色。前翅狭长，侧看有紫色光泽；后翅顶角较尖锐，基部及中央半透明，缘毛灰褐色。成虫白天活动，飞翔缓慢。各地一年发生 2～4 代，以老熟幼虫在竹箨内壁、石块下或枯竹筒内结茧越冬。

白毛长，黑毛短，身体颜色似红砖

68. 重阳木锦斑蛾

【识别口诀】幼虫肉嘟嘟，身有刺状突；纵横排成列，短毛上面布；两两行列间，黑斑多关注。

【防治口诀】斑蛾怎么治？功夫在平时：栽树莫单一，混交有优势；加强土肥水，树壮虫抑制。善待其天敌，招鸟巢设置。调运严检疫，虫源应拒之。日常多观察，有虫上措施；剪除带虫叶，当虫较少时；树干束草把，诱虫来投之；树干冬涂白，里面虫杀死。冬季扫落叶，焚烧好收拾。害重喷农药，灭幼脲菊酯；防止漏网鱼，一连来两次。

【形态特征】又叫重阳木斑蛾，属于鳞翅目斑蛾科，幼虫主要取食重阳木的叶片。幼虫体扁而肥厚，头常缩在前胸内，体具肉刺状突起，刺突间有黑斑，有些刺突上具有腺口；老熟幼虫第一至第八腹节各有 6 个刺突，第九腹节 4 个。幼虫经常吐丝下落。成虫头小，红色有黑斑；前后翅黑色，反面基斑红色。后翅自基部至翅室近端部蓝绿色。腹部红色，有黑斑 5 列。一年发生 3 ～ 4 代，以幼虫在树洞、树皮、杂草等处越冬，极少数在树下结茧化蛹越冬。

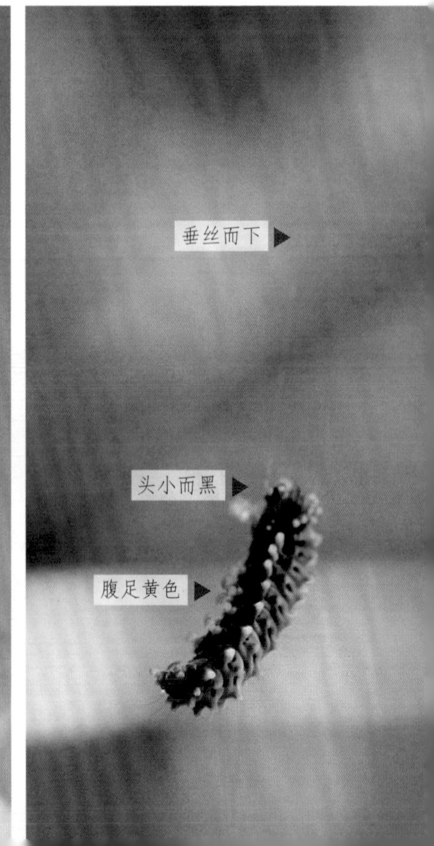

69. 玉带斑蛾

【识别口诀】玉带斑蛾有玉带，带在前翅腰间戴；体翅黑色红色头，触角蓝黑泛光彩。幼虫黄色有黑条，头小身体如方块。

【防治口诀】可参考重阳木锦斑蛾防治口诀。

【形态特征】属于鳞翅目斑蛾科，幼虫取食茶叶、米碎柃木等林木的叶片。幼虫黄色，各体节背、侧有小肉突；体背有 3 条黑色的纵纹，头、尾端有黑色横带；体侧节间有长毛。幼虫受惊后体表会分泌含氰化合物的液珠。老熟后于树叶上或树皮缝中结茧化蛹。成虫中小型，头小，红色，触角黑色，有蓝色的光泽；身体、前翅黑色，翅面中后方 2/3 处有一条宽型的白色横带，内缘呈弧形；后翅黑色无斑纹。成虫出现于 4 ～ 9 月间，白天活动、访花。卵产在寄主植物的树皮缝或枝芽间。

70. 栎掌舟蛾

【识别口诀】栎掌舟蛾有斑如掌，长在前翅顶角边上；斑内具有红棕边线，掌形斑纹颜色淡黄；胸背前半黄褐颜色，后半部分灰白模样；翅膀淡褐具有雾点，翅面略带丝质光芒。

【防治口诀】初孵幼虫爱群集，三龄之后再分离；昼伏夜出吃叶片，遇惊假死坠入地；人工振落收幼虫，手摘虫苞也可以。入土化蛹九月后，树盘挖蛹冬春季。羽化成蛾五六月，黑光诱杀省人力。赤眼蜂或黑卵蜂，招引释放在卵期；鸟儿茧蜂追寄蝇，天敌能把幼虫欺。Bt 乳剂白僵菌，生物制剂多提及；阿维菌素灭幼脲，喷杀幼虫是应急。

【形态特征】又叫栎黄掌舟蛾，属于鳞翅目舟蛾科，幼虫取食栎、栗类林木的叶片。老熟幼虫胴部有 8 条橙红色纵线，各体节另有一橙红色横带；密被灰白至黄褐色长毛。成虫胸背前半部黄褐色，后半部灰白色，有两条暗红褐色横线；前翅灰褐色，前缘顶角处有一略呈肾形的淡黄色大斑。一年发生 1 代，以蛹在寄主附近松软土中越冬。卵多成块产于叶背，常数百粒单层排列。

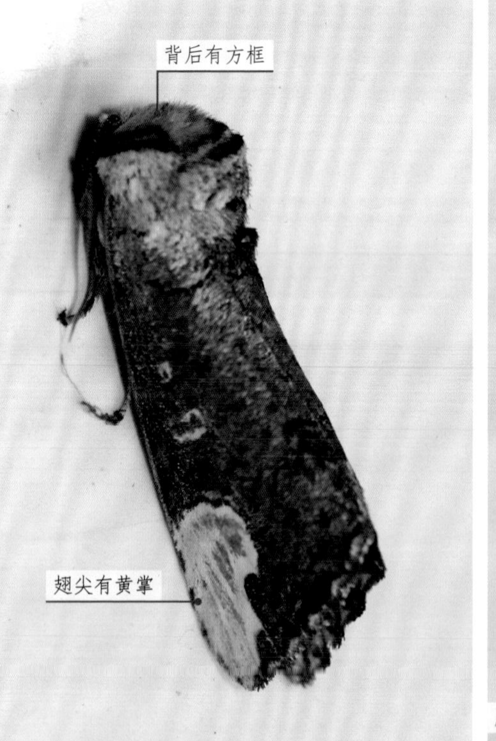

71. 苹掌舟蛾

【识别口诀】舟形毛虫头尾翘，如同龙舟裹长毛；紫黑身体较匀称，身有几绺紫红条。

【防治口诀】可参考栎掌舟蛾防治口诀。

【形态特征】又叫舟形毛虫、苹果天社蛾等，幼虫取食苹果、梨、山楂、榆等林木叶片。幼虫孵化后头向叶缘排列成行，由叶缘向内蚕食叶肉，仅剩叶脉和下表皮，受惊后成群吐丝下垂。幼虫3～4龄时开始分散啃叶，早晚取食，白天停歇在叶柄或小枝上，头、尾翘起，形似小舟。末龄幼虫体长55毫米左右，被灰黄长毛；头、前胸盾、臀板均黑色；胴部紫黑色，背线和气门线及胸足黑色，亚背线与气门上、下线紫红色；体侧气门线上下生有多个淡黄色的长毛簇。成虫前翅银白色，在近基部生1个长圆形斑，外缘有6个椭圆形斑，横列呈带状，各斑内端灰黑色，外端茶褐色，中间有黄色弧线隔开；翅中部有淡黄色波浪状线4条；顶角上具两个不明显的小黑点；后翅浅黄白色。一年发生1代，以蛹在寄主根部附近表土层的茧中越冬。卵排列整齐地产于叶背。

72. 杨小舟蛾

【识别口诀】杨小舟蛾吃杨叶，灰褐灰绿多体色；幼虫大约两厘米，微带紫色有光泽；注意观察黄纵带，各有一条在体侧；背有肉瘤不显著，腹部两处略大些；生在第一第八节，上有短毛瘤灰色。

【防治口诀】舟蛾为害要防治，首先天敌多支持；猎蝽鸟儿寄生蜂，招引保护多繁殖。喷洒苏云金杆菌，以菌治虫好方式。适地适树栽壮苗，加强管理增树势。秋末冬初扫落叶，集中烧毁蛹烧死。初春翻地灭冬蛹，效果较好但费时。人工振树收落虫，手摘虫苞需细致。诱集成虫用灯光，林中诱灯多设置。虫多吃叶要成灾，喷雾喷烟早控制；阿维菌素灭幼脲，连续喷施一二次。树冠高大难喷到，空中飞防有优势。

【形态特征】幼虫体色变化大，微具紫色光泽，体上生有不显著的肉瘤，以腹部第1节和第8节背面的较大。成虫前翅有3条具暗边的灰白横线，内横线似“( )”，中横线“八”字形，外横线呈倒“八”字的波浪形。一年发生3～5代，吐丝结茧化蛹越冬，卵产于叶背。

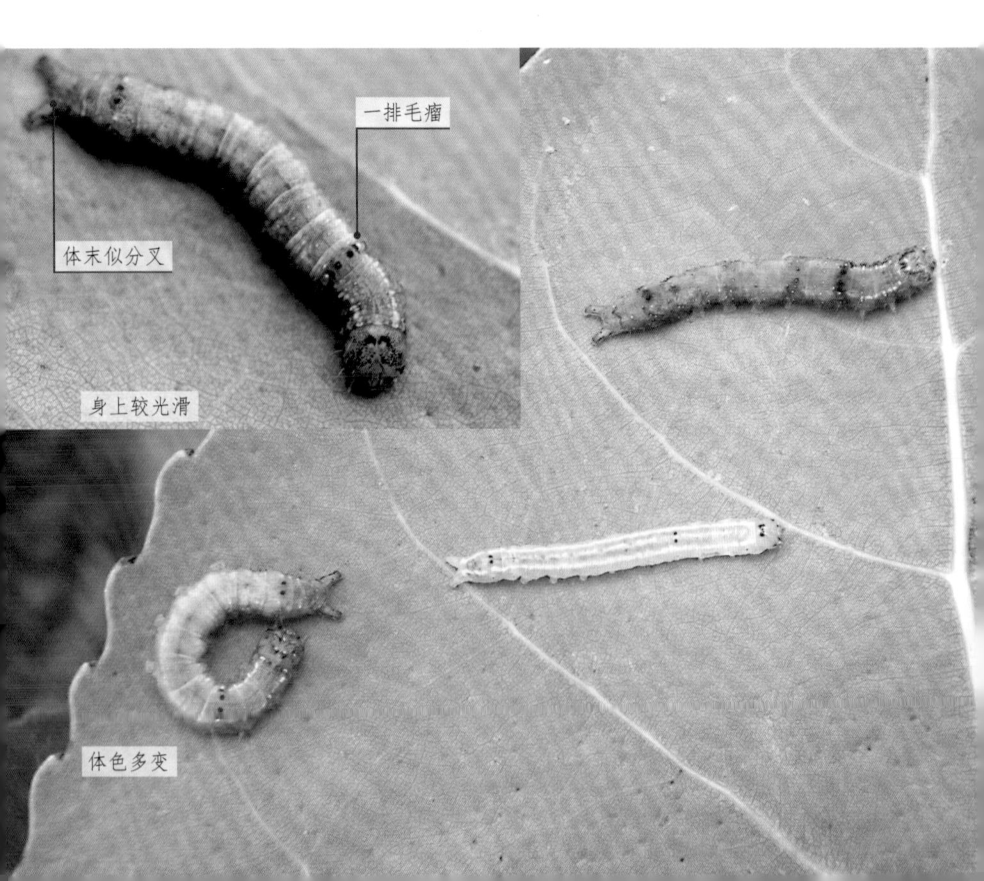

73. 仁扇舟蛾

【识别口诀】仁扇舟蛾，幼虫惹祸。圆筒身体，白点附着；腹背毛瘤，注意观摩；一和八节，关注最多；毛瘤杏黄，各有一颗。

【防治口诀】可参考杨小舟蛾防治口诀。

【形态特征】属于鳞翅目舟蛾科，幼虫取食杨、柳等林木的叶片。老熟幼虫圆筒形，头部灰色，有黑色斑；体灰色至淡红褐色，被淡黄色毛，胸部两侧毛较长；中、后胸背各有 2 个白色瘤状突起；腹部第 1 和 8 节背面中央各有 1 个大的杏黄色瘤状突起，瘤上具 2 个小馒头状突起，瘤后有 2 个黑色小毛瘤；第 1 腹节两侧各有 1 个大黑瘤，腹部各节具白色突起。成虫灰褐色至暗灰褐色；前翅灰褐色至暗灰褐色，顶角斑扇形，模糊的红褐色；3 条灰白色横线具暗边；后翅颜色较前翅略淡。一年发生 6 ～ 7 代，以卵在枝干上越冬。平时卵聚产叶背，平铺成块。仁扇舟蛾与分月扇舟蛾外部形态相似，习性相近，但分月扇舟蛾主要分布在北方地区，江苏、安徽、上海等南方地区多为仁扇舟蛾。

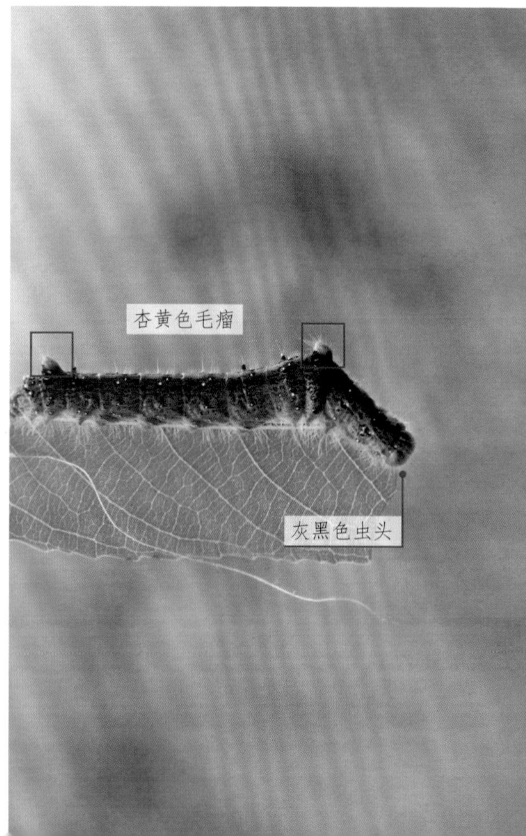

74. 杨扇舟蛾

【识别口诀】杨树舟蛾好多种，形态习性各不同；杨扇舟蛾有虫苞，树上卷叶好化蛹；腹背第一第八节，两个大瘤是枣红。

【防治口诀】可参考杨小舟蛾防治口诀。

【形态特征】又叫杨天社蛾，属于鳞翅目舟蛾科，幼虫取食杨、柳等林木的叶片。老熟全身密被灰黄色长毛，每体节两侧各有 4 个赭色小毛瘤，环形排列，上生长毛；第 1、8 腹节背面中央有 1 个大枣红色瘤，两侧各伴有 1 个白点。成虫灰褐色，前翅灰褐色，扇形，有灰白色横带 4 条，前翅顶角处有 1 个暗褐色三角形大斑，顶角斑下方有 1 个黑色圆点；后翅灰白色，中间有 1 条横线。从北到南一年发生 2～9 代。以蛹在地面落叶、树干裂缝或基部老皮下结茧越冬。卵块多平铺产在叶背面，偶产于嫩枝上。与杨小舟蛾不同，它主要为害一至四年生幼树，杨小舟蛾主要为害四年生以上大树；除越冬代外，它一般在树上吐丝卷叶作薄茧化蛹，杨小舟蛾下树化蛹。它为害时卷叶成虫苞；杨小舟蛾不卷叶，分散危害。

75. 曼蚕舟蛾

【识别口诀】身披钱纹寓招财，曼蚕舟蛾讨人爱，体形肥硕头尾黑，白色长毛“脸”边排，各节都有红黑斑，红斑点状黑斑怪；黑斑独特铜钱样，幼虫常把栎叶害。

【防治口诀】可参考杨小舟蛾防治口诀。

【形态特征】属于鳞翅目舟蛾科，以幼虫在 4 ~ 7 月取食栎、槲类叶片为害，低龄幼虫喜欢群集为害，长大后分散。幼虫体形肥胖硕大；头、尾黑色，侧缘具稀疏的白色长毛，各体节具红、黑的斑纹，红斑点状，黑斑为花钱样的图案，斑型丰富华丽。具招财进宝的吉祥图腾味，十分有特点。一年发生 1 代。

黑斑如铜钱，红斑夹中间

76. 榆凤蛾

【识别口诀】榆凤蛾，榆上躲；白白的，蜡粉裹；如粉条，叶间缩。其成虫，似凤蝶；唯触角，有区别；栉齿状，便识别；后翅上，红斑列；是两排，不规则。

【防治口诀】防治榆凤蛾，方法有很多：营造混交林，树杂虫受挫；环境保护好，天敌数量多。消灭越冬茧，树下多耕作。成虫灯光诱，黑光灯架设。结合树养护，卵块不放过；初孵喜群集，捕杀杀一窝。幼虫欲成灾，喷药有原则：治早且治了，虫小抗性弱；喷施白僵菌，Bt 多选择；菊酯灭幼脲，效果也不错。

【形态特征】又叫燕凤蛾、榆燕尾蛾等，凤蛾科害虫，幼虫取食白榆、榔榆等榆科林木的叶片。老熟幼虫头黑色，体浅绿，有淡黄色刚毛，全身裹着较厚的白色蜡粉（蜡粉可被温水或酒精溶化）。成虫外形似凤蝶，但触角栉齿状。体、翅黑色，前翅基片具红斑；后翅有尾状突出，外缘有2列不规则红斑；腹部背面黑色，节间红色。一年发生1～2代。以蛹在树冠下落叶间、表土层中的茧内越冬。黄色卵产在嫩叶上。

蛹外有白色茧和蜡粉

不识庐山真面目，只怪白蜡满身涂

77. 桑野蚕蛾

【识别口诀】桑野蚕，有点丑，胸节膨大小小头；末龄幼虫体棕红，伪装树枝表面皱。第二节，腹背后，两个马蹄红褐肉；第八腹节有尾巴，棕红颜色朝身后。

【防治口诀】野蚕幼虫善伪装，防治天敌可帮忙。幼时爱集嫩梢头，人工捕杀枝上方。刮卵摘茧去祸端，功在平时细寻访。幼虫发生之初期，农药毒杀同往常。

【形态特征】又叫野蚕、桑狗等，属于鳞翅目蚕科，幼虫取食桑等林木的叶片。末龄幼虫体褐色，头小，胸部 2、3 节特膨大，第 2 胸节背面有 1 对黑纹，四周红色，第 3 胸节背面有 2 个深褐色圆纹，第 2 腹节背面具红褐色马蹄形纹 2 个，第 5 腹节背面有浅色圆点 2 个，第 8 腹节上有 1 个尾角。成虫灰褐色，有深褐色斑纹，前翅外缘自顶角下方内陷，翅面有 2 条褐色横带，2 条带间有 1 个深褐色新月纹；后翅色略深，中部有 1 条深色宽带，后缘中央有 1 个镶白边的新月形棕黑斑。一年发生 2 ～ 4 代，世代重叠明显，以卵在桑树的枝干上越冬，卵块状，排列不整齐。

78. 茶蚕蛾

【识别口诀】茶蚕胆小爱抱团，遇到惊扰更慌乱；纷纷翘起头和尾，欲学龙舟仿小船。身上方斑一排排，幼虫识别也不难。

【防治口诀】幼虫可手抓，卵块剪剪下；天敌多利用，成虫灯诱杀；翻土蛹暴露，蛹死怎羽化？虫多防成灾，尽早药喷洒。

【形态特征】又叫茶钩翅蛾、茶狗子、团虫、龙头虫等，属于鳞翅目蚕科，幼虫取食茶叶、油茶、山茶等林木的叶片。幼虫具群集性，三龄后在枝上缠绕成团，受到惊扰时头尾翘起。幼虫头小，体肥大，初龄橙红色，老熟赤褐色，背、侧面有灰白色 11 条纵纹和若干横纹构成许多近方形斑纹。成虫体、翅咖啡色，有丝绒状光泽，前翅翅尖外缘向外突出略呈钩状，前、后翅均有 2 条暗褐色波状横纹。一年发生 2 ～ 4 代，一般以蛹在土表、落叶层中越冬。卵成块产于嫩叶背面。

身粗头小，抱团缠绕，灰白纵线一条条

受惊后头尾翘起

79. 樗蚕蛾

【识别口诀】樗蚕虽然大，无毒你别怕；为害阔叶树，幼虫吃叶芽。幼龄淡黄色，黑点来混杂。中龄青绿色，白粉身裹下。幼虫老熟时，体长粗又大；身体之背面，棘状突布下；对称蓝绿色，略向后倾斜。成虫青褐色，白色多掺杂；腹背有白斑，每节六对吧；前翅是褐色，顶角钝钩化；角内黑眼斑，斑小细观察；前后翅中央，新月形斑大。

【防治口诀】识别已介绍，防治再谋划：寻找卵幼虫，摘除再烫化；虫茧可缫丝，甚至把油榨。白天蛾儿懒，用手抓或夹。晚上灯光诱，等它蛹羽化。利用其天敌，环保效果佳。幼虫为害重，喷药将其杀；菊酯灭幼脲，烟剂或其他。

【形态特征】大蚕蛾科害虫，幼虫取食臭椿（樗）、樟树、乌桕等林木的叶片。老熟幼虫体粗大，有略向后倾斜棘状突起。成虫翅展 110 ～ 130 毫左右，腹背各节有白斑 6 对，前翅顶角后缘呈钝钩状，前后翅中央各有一较大的新月斑，外侧有一纵贯全翅的宽带。一年发生 1 ～ 3 代，以蛹在厚茧中越冬。卵成堆或块状产于寄主叶上。

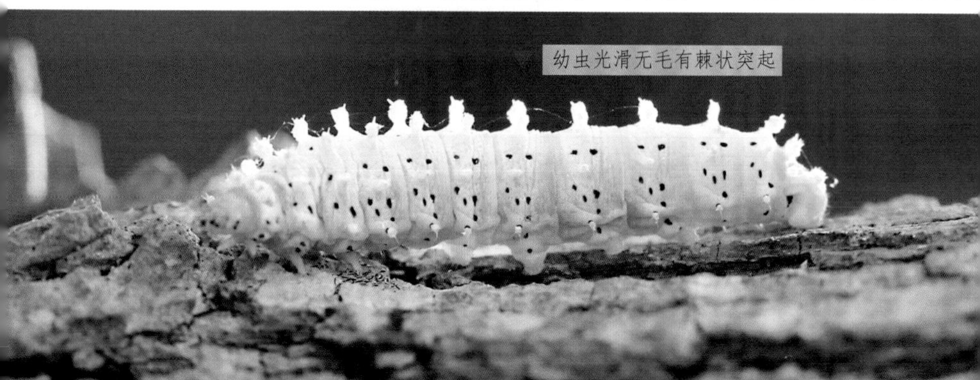

80. 绿尾大蚕蛾

【识别口诀】绿尾大蚕蛾，“尾”长较独特；后翅长尾形，尾末常卷折；体披白长毛，翅膀粉绿色；前后翅中央，眼斑各一个；前翅之前缘，分明暗紫色；昼伏夜出现，白天好捕捉。

【防治口诀】该蛾虽漂亮，不治树受伤：成虫发生期，诱杀用灯光；网捕制标本，标本耐观赏。苗木要检疫，虫源需严防。秋后或茧期，摘茧用水烫。摘卵捉幼虫，随手在日常。保护其天敌，生物求多样。

【形态特征】又叫绿尾天蚕蛾、水青蛾等，属于鳞翅目大蚕蛾科，幼虫取食紫薇、枫杨、乌桕等数十种林木的叶片。初孵时橙黄色，后转橙黄色至浅绿色，均被白色细毛；高龄幼虫黄绿色，粗壮，体节近六角形，有肉突状毛瘤，瘤上有白色刚毛和褐色短刺。成虫体粗大，翅展 100 ～ 140 毫米，前后翅粉绿色，翅面中央各有 1 个椭圆形眼斑，翅展时前翅前缘及胸部的紫色带可连成一线，后翅尾状突起长约 40 毫米。一年发生 2 代，以茧蛹附在树枝或地被物下越冬。卵数粒或数十粒产在叶背或枝干上。

81. 黄尾大蚕蛾

【识别口诀】黄尾成虫特别美，名与形色相匹配：成虫黄色翅暗黄，行动迟缓不善飞；前翅前缘紫红色，翅有褐纹来点缀；椭圆眼斑紫褐色，黑纹布在斑外围。后翅后角飘带状，棕红线纹增光辉。

【防治口诀】可参考绿尾大蚕蛾防治口诀。

【形态特征】又叫黄尾天蚕蛾，属于鳞翅目大蚕蛾科，幼虫取食樟、栎、枫杨、桦、柳、木槿、悬铃木等众多林木的叶片。成虫体黄色，头部褐色，前翅暗黄至明黄色，前缘紫红，内线黄褐色波浪形，不太明显；中室端有椭圆眼斑，眼斑中间紫褐色，外围黑色，内侧黑纹较外侧宽，上角的赤褐色纹与前缘脉相连，翅脉黄褐清楚可见，后缘色稍浅；后翅色、纹与前翅相似，后角外伸如飘带，长约 30 毫米。成虫不善飞行，行动迟缓，容易捕捉。一年发生 2 代。

82. 银杏大蚕蛾

【识别口诀】银杏大蚕蛾，幼虫来做恶；背上生长毛，毛密青白色。再说该蛾茧，长得有特点：近看如纱笼，远观长椭圆；颜色黄深棕，周围粘叶片；五六厘米长，虫蛹在里面；丝胶网坚硬，褐蛹清晰见；一端丝网稀，成虫爬方便。

【防治口诀】五月虫为害，捕捉来得快。虫茧纱笼样，遇见手工采。成虫爱趋光，灯诱自投来。九月蛾产卵，树缝卵爱待；释放赤眼蜂，寄生卵自败；结合树管理，冬季摘卵块。幼虫三龄前，体弱挤一块；菊酯灭幼脲，喷药要勤快。

【形态特征】又叫白果蚕、白毛虫等，幼虫取食枫香、银杏、枫杨等林木的叶片。末龄幼虫体黄绿色或青蓝色，各体节上具青白色长毛及突起的毛瘤，其上杂有数根黑褐色硬刺毛。成虫体灰褐色或紫褐色；前翅内、外横线于近后缘处汇合，中间形成三角形浅色区，中室端部有月牙形透明斑。后翅中室端处有 1 个大眼斑。一年发生 1 代，少数地方 2 代，以卵越冬。卵多产在树皮粗糙的树干下部 1 ～ 5 米及树杈处，数十至百余粒不等。

83. 樟蚕

【识别口诀】樟蚕吃樟叶，幼虫好识别：绿黄纵条纹，身上齐排列。体上有枝刺，小心被它蛰。

【防治口诀】一年发一代，越冬蛹中待；三月蛾羽化，四月把卵排；产于枝干上，单层排成块；随后幼虫出，食叶来为害；六月虫化蛹，七月躲起来。防治严检疫，虫源莫携带；维护多样性，天敌多关怀；释放赤眼蜂，寄生卵破坏；喷洒白僵菌，染病虫自败。成虫灯光诱，捕捉用网逮。加强树管理，冬秋把茧摘；随后集中毁，喂鸡或深埋。蛹期把茧搜，卵期刮卵块；幼虫可捕杀，带叶将其采。幼虫发生多，喷药防成灾；选在三龄前，虫弱效果快。

【形态特征】又叫枫蚕、渔丝蚕等，属于鳞翅目大蚕蛾科，幼虫取食枫香、樟树、核桃、枫杨等林木的叶片。幼虫头部绿色，胴部青黄色；背线、亚背线、气门线色较浅，腹部暗绿色；每节背线、亚背线，气门上、下线，侧腹线处有枝刺。成虫体、翅灰褐色，前翅基部有暗褐色三角斑，翅中央有 1 个眼状纹，翅顶角外侧有紫红色纹两条。

84. 蕾鹿蛾

【识别口诀】鹿蛾个不长，黄蜂有点像；翅面缺鳞片，形成透明窗；前翅窄如矛，翅顶稍圆样；飞翔能力弱，歇时翅开张；腹部有斑点，有时斑带状。

【防治口诀】鹿蛾飞得慢，防治也简单。虫少人捕捉，随手除茧卵。成虫灯光诱，网捕不算难。冬季清落叶，冠下把土翻。保护是天敌，用药讲安全；烟碱印楝素，早治绝虫源。

【形态特征】又叫茶鹿蛾、黄腹鹿蛾等，属于鳞翅目鹿蛾科，幼虫取食茶、桑、橘等林木的叶片。老熟幼虫头橙红色，颅中沟两侧各有 1 块长形黑斑，身体紫黑色，各节有数对毛瘤。成虫头黑色，额橙黄色，体黑褐色；触角黑色，顶端白色；中、后胸各有 1 个橙黄色斑；腹部各节具有黄或橙黄色带；前翅黑色有透明斑，翅基部通常具有黄色鳞片；后翅较小并有数个透明斑，后缘基部黄色。成虫常访花吮蜜，飞翔力弱，休息时翅张开，容易捕捉。一年发生 2 ～ 3 代，以幼虫越冬。卵块产于叶背。

85. 樟细蛾

【识别口诀】虫道弯弯绕，樟树叶上找；细长灰白色，一看很明了。幼虫躲里面，褐头身细小。

【防治口诀】加强检疫苗严查，防将病虫带回家。栽植樟树勤管护，搞好卫生虫害怕；秋后清园扫落叶，杂草枝叶火焚化。保护天敌天天讲，引起关注作用大。摘除虫叶去虫茧，虫斑明显不复杂。成虫具有趋光性，产卵之前灯诱杀。幼虫蛀道叶中躲，渗透药剂勤喷洒。打孔注药无人机，高大树体也莫怕。

【形态特征】属于鳞翅目细蛾科，幼虫蛀入樟科林木的叶片，潜食叶肉形成细长而弯曲的灰白色线状蛀道。幼虫头褐色，体较扁平，被稀毛；幼虫有一定趋光性，多选择树冠外围叶片侵害，后期会留下直径约 10 毫米的圆形或椭圆形的透明薄膜状虫斑，最终透明薄膜虫斑还会变成褐色、腐烂、脱落，造成叶面空洞或者叶片枯黄。幼虫老熟后在叶背方向卷叶作白色棉絮状茧化蛹。成虫淡黄色，腹末有毛丛如鸟尾。一年发生 3 ～ 4 代，以蛹在被害植物的落叶内越冬。卵产在叶背主脉两侧。

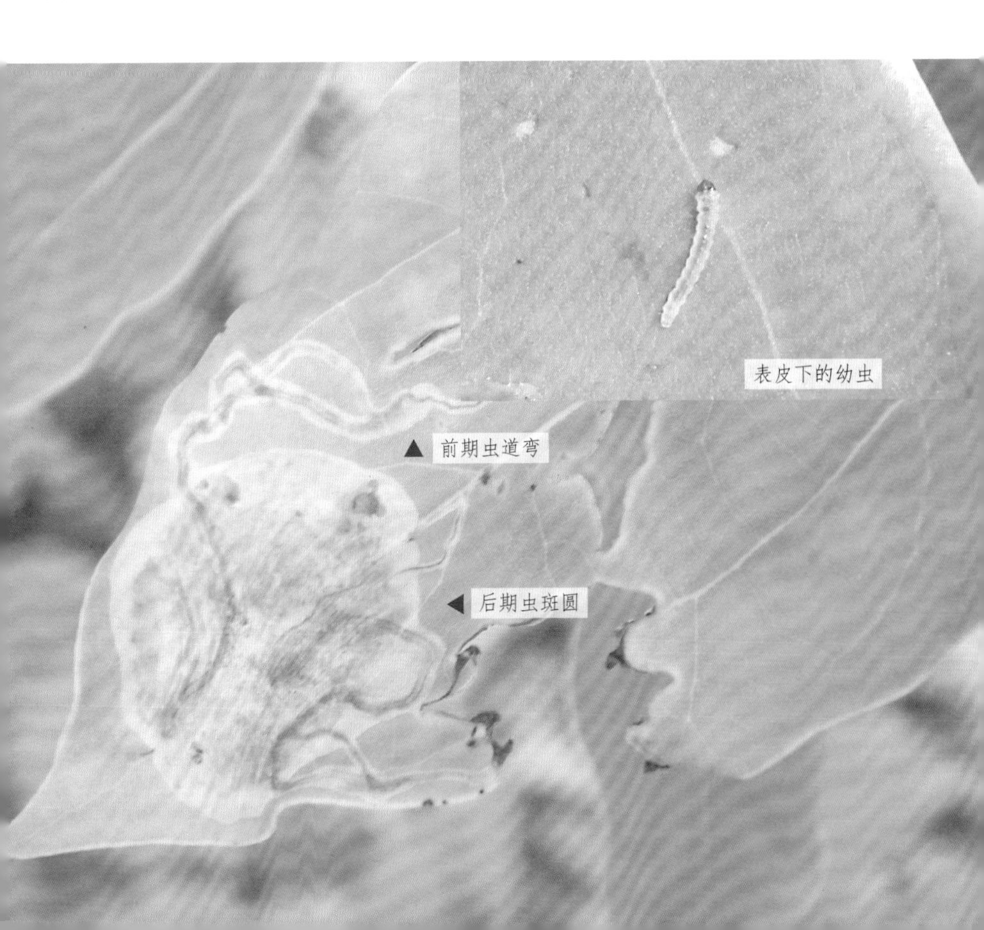

86. 茶长卷蛾

【识别口诀】茶长卷蛾卷树叶，形如饺子好识别；黄绿身体黄褐头，幼虫胆小叶中歇。

【防治口诀】可参考樟细蛾防治口诀。

【形态特征】又叫褐带长卷叶蛾、粘叶虫等，属于鳞翅目卷蛾科，幼虫取食李、樱花、栎、紫藤等林木的叶片，初孵幼虫吐丝缀结叶尖，潜居其中取食上表皮和叶肉，残留下表皮，致卷叶有枯黄薄膜斑，高龄幼虫食叶成缺刻或孔洞。末龄幼虫黄绿色，头黄褐色；前胸背板近半圆形，褐色，后缘及两侧暗褐色。雌成虫体浅棕色，触角丝状；前翅近长方形，浅棕色，翅尖深褐色，翅面散生很多深褐色细纹，有的个体中间具 1 条深褐色的斜形横带。后翅肉黄色，扇形，前缘、外缘色稍深或大部分茶褐色。雄成虫前翅黄褐色，基部中央、翅尖浓褐色，前缘中央具 1 个黑褐色圆形斑，前缘基部有 1 个浓褐色近椭圆形突出，部分向后反折，盖在肩角处；后翅浅灰褐色。一年发生 3 ～ 6 代，以幼虫蛰伏在卷苞、落叶的虫苞内越冬。卵多产在老叶正面。

87. 枣粘虫

【识别口诀】幼虫吐丝粘枣叶，枣粘虫名很贴切；咬断花柄枣花枯，蛀果果落收入绝。幼虫虫小黄绿色，遇惊吐丝赶紧撤。

【防治口诀】针对幼虫喷药液，也可摘叶或手捏；树干束草在秋末，冬闲烧草蛹消灭。冬季细刮老粗皮，树干涂白蛹死绝。针对成虫用性诱，飞蛾扑火灯光借。卵期释放赤眼蜂，利用天敌更和谐。

【形态特征】又叫枣镰翅小卷蛾，属于鳞翅目卷蛾科，幼虫吐丝缀叶取食枣、酸枣等林木的芽、叶、花和果为害。幼虫初孵幼虫头黑褐色，胸、腹部黄白色，逐渐呈黄绿色；老熟幼虫头红褐色，前胸背板红褐色；腹部末节背面有“山”字形红褐色斑纹，遇惊动即吐丝下垂逃避。成虫翅展 13 ～ 15 毫米，体黄褐色，触角丝状，前翅前缘有黑色短斜纹 10 余条，翅中部有两条褐色纵线纹，翅顶角突出并向下呈镰刀状弯曲；后翅暗灰色缘毛较长。一年发生 3 ～ 5 代，均以蛹在老树皮缝隙或断枝、伤疤间越冬。越冬代成虫多在二三年生小枝和枣股上产卵，后几代多产在叶面中脉两侧。

88. 柑橘潜叶蛾

【识别口诀】幼虫叶中蛀，蛀道如鬼符；均匀细似蛇，细线道中布。

【防治口诀】病虫要应对，检疫放首位；栽苗选健康，无虫叶青翠。发现虫叶梢，剪去齐烧毁。修剪控夏梢，调节土肥水；抽梢选时期，无虫在乱飞。发生如严重，喷药早准备；选择内吸性，事半功一倍；连喷二三次，喷透喷到位。

【形态特征】俗称鬼画符、画图虫等，属于鳞翅目潜叶蛾科，幼虫蛀食柑橘、枳壳等柑橘类林木嫩叶、嫩梢，形成蜿蜒的银白色隧道，受害叶卷曲或变硬，造成落叶。幼虫 4 毫米左右，黄绿色，体扁平，腹部末端有对较长的尾状物，足退化。老熟幼虫靠近叶缘后，开始吐丝做茧，将叶缘反卷成蛹室。成虫 2 毫米左右，银白色前翅尖叶形，后翅针叶形。一年发生 10 ～ 15 代，世代重叠，大多数以蛹越冬，少数以幼虫越冬。防治上结合栽培管理进行抹芽控梢或夏剪防止迟春梢和早夏梢的出现，选择在成虫低峰期统一放梢。适时施肥促梢抽发整齐。

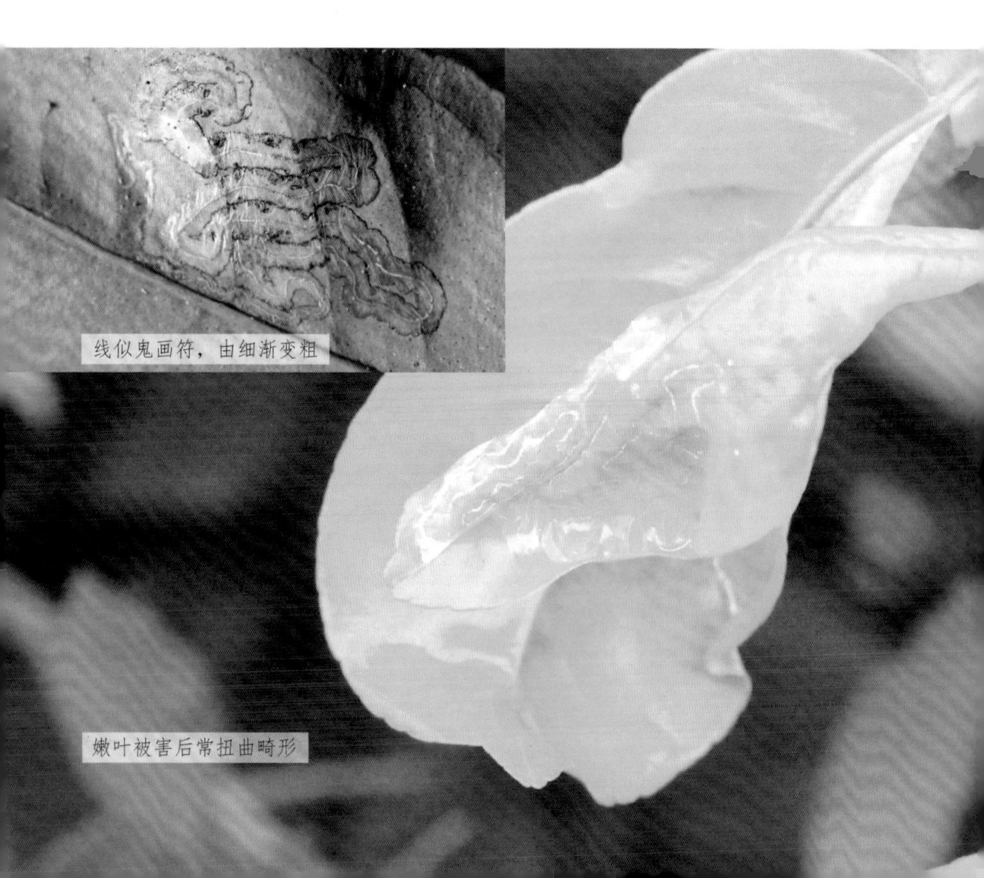

线似鬼画符，由细渐变粗

嫩叶被害后常扭曲畸形

89. 杨银叶潜蛾

【识别口诀】杨银叶潜蛾，叶上且作乐；躲在皮层下，风雨奈我何！蛀食叶中肉，叶表现银色；中有曲曲线，影响叶光合。

【防治口诀】杨银叶潜蛾，杨叶上作恶；一年发几代，防治讲综合；栽培选品种，抗虫多选择；不带病虫害，健壮苗合格。树种互混交，树杂虫阻隔；平时强管理，树壮虫奈何。冬季清林地，枝叶投入火；消灭越冬虫，无源难为祸。成虫灯诱杀，黑光灯架设。善待其天敌，寄蜂将卵蜇。虫多药救急，选药有原则；多选内吸剂，早治勤监测。

【形态特征】属于鳞翅目潜叶蛾科，初孵幼虫潜入杨树叶片中取食叶肉，在被害叶上留有弯曲的虫道，主要为害苗木及幼树。老熟幼虫体长 6 毫米，浅黄色，体扁平光滑，有透明感，足退化。成虫翅展 6 ～ 8 毫米，体纤细，银白色；前翅中央有 2 条褐色纵纹，其间带有金黄色；雌蛾腹部肥大，雄蛾尖细；后翅先端尖细，缘毛细长而灰白。一年发生 4 代，以成虫在地表缝隙及枯枝落叶层中越冬，或以蛹在被害的叶上越冬。

幼虫膜下藏

表皮下的幼虫

[第四章]
鞘翅目林木食叶害虫

第一节　鞘翅目昆虫识别

1. 识别口诀

甲虫有硬壳，身体被壳包；前翅是鞘翅，坚硬把身罩；后翅是膜质，飞行所依靠。翅鞘颜色多，斑纹也花哨；有的翅退化，难飞仅能跑。口器咀嚼式，好把食物咬。

附：质熠熠以生辉，色绚丽而优美；独享誉于虫界，舍甲虫而取谁！甲虫到底是谁？实鞘翅目之辈。遍世界以繁衍，唯海洋之独没。现余 30 万种，以量多而称最。体几丁而坚硬，雌较雄而常魁；头胸腹而六腿，翅正常且两对；前翅厚而似盔，其角质以覆背；后翅薄而或退，其膜质以能飞。仅步甲之特例，连翅鞘而难飞。触角多十一节，长短或与体配：如丝状之虎甲，若鳃叶有金龟；吉丁虫之锯齿，水龟甲之似锤。多咀嚼式口器，咬万物而不累；少退化而成喙，如隐翅之科类。稀头部有单眼，常无须于虫尾。属完全之变态，甲由蛹而化蜕，稀被蛹而常裸，

甲虫起飞时，起保护作用的鞘翅举起，膜质的后翅展开扇动

鞘翅目昆虫俗称甲虫，身体小至大形，最大的特点是其成虫体壁坚硬。前翅质地坚硬，角质化，形成鞘翅，静止时在背中央相遇成一直线。后翅膜质，通常纵横叠于鞘翅下。复眼发达，常无单眼。触角形状多变。成、幼虫均为咀嚼式口器。幼虫多为寡足型，胸足通常发达，腹足退化。蛹为离蛹。卵多为圆形或圆球形。

食叶甲虫

2. 防治方法

（1）维护生物多样性，培育混交、异龄、复层、乔灌草结合的健康林分。保护、招引、释放瓢虫、草蛉、步甲、螳螂、寄生蜂、赤眼蜂、鸟类等捕食性、寄生性天敌。

（2）少量发生时，摘除带有幼虫、蛹、卵的叶片，集中水烫、火烧、碾压或投喂家禽。也可以适度喷施白僵菌、青虫菌等生物制剂。

（3）对于榆紫叶甲等利用树干上下树的甲虫，用表面光滑的塑料布或特用围环在主干基部捆绑一圈，宽度在 30 厘米以上，使其不能爬上树冠取食而达到防治目的，春季捆绑至雨季前撤除。也可以利用绿色威雷触破式微胶囊水剂或松毛虫长效阻杀剂在树干胸高处喷涂 30 厘米的闭合环对爬经的害虫进行触杀。

（4）成虫发生期，人工捕捉或架设杀虫灯、糖醋液等诱饵诱杀成虫。或利用假死性，清晨在树冠下铺设塑料薄膜、白布，摇振寄主枝干，收集假死坠地的成虫、幼虫，再集中消灭。或往地面以上树干、大枝和其它甲虫喜出没之处，用绿色威雷触破式微胶囊水剂喷洒。

（5）秋末及时清除园内枯枝落叶和杂草、石块，剪除病虫枝，清除树上的地衣苔藓、翘皮等容易藏匿虫源的场所，及时集中烧毁或深埋；对树干进行涂白，堵塞树洞和裂缝，以消灭越冬卵、蛹等虫源，降低虫口基数。对于入土化蛹的，可于化蛹盛期结合施肥、中耕、除草，翻动土层，消灭虫蛹。

（6）对于金龟子等幼虫在土壤、厩肥中生活的甲虫，可采用不施用未充分腐熟的秸秆等有机肥，灌水轮作。如果虫口密度较大，为害严重，可采用地面喷洒辛硫磷颗粒剂，或用呋喃丹颗粒剂拌细土撒施。结合翻耕、施肥等工作直接或间接杀灭土壤中的虫源。

（7）加强检疫，严禁携带虫源的林木及其制品流入或扩散。

（8）加强虫情调查，一旦虫口较多时，可于孵化盛期至幼虫 3 龄前选用灭幼脲Ⅲ号，或丙溴辛硫磷、森得保可湿性粉剂等叶面喷雾防治，连喷 2 ～ 3 次（注意间隔期）。对于食叶的成虫可选用绿色威雷、噻虫啉微胶囊，或 1.2% 烟碱・苦参碱乳油、吡虫啉可性粉剂、甲维盐乳油等喷雾防治。对于远离村庄，郁闭度较大（0.6 以上）的林分，可选择无风的早晚用烟雾机喷烟或燃放苦参碱烟剂进行熏杀。

（9）对于天牛、吉丁虫等幼虫蛀干为生的甲虫，可寻找新鲜排粪孔投入毒签、注入 80% 敌敌畏乳油或 50% 辛硫磷乳油 10 ～ 20 倍液 10 毫升，然后用湿泥封孔。也可人工检查产卵刻槽，直接将虫卵挖除、砸死，或用 80% 敌敌畏乳油 10 ～ 20 倍液、40% 氧化乐果乳油 20 ～ 30 倍液涂抹产卵刻槽和被害处。也可以在林地周围种植桑树和柞树作为诱木，吸引天牛啃食叶片嫩皮和产卵、钻蛀，成虫高峰期再对诱木喷洒农药杀灭，减少虫口的数量。

第二节　叶甲类食叶害虫

1. 榆紫叶甲

【识别口诀】榆紫叶甲中等大，卵圆身体较光滑；背面隆起呈孤形，腹面平坦好来爬；前胸背板和鞘翅，紫红金绿斑掺杂；鞘翅上有密刻点，金属光泽泛光华。后翅红色懒飞行，遇险装死急掉下。

【防治口诀】下树土中化蛹，羽化上树活动；进入夏季高温，树干凉处集中。夏眠直到秋凉，出蛰交尾越冬；来年树上产卵，幼虫吃叶严重。人工捕捉成虫，把树枝干摇动。捕食柔弱幼虫，天敌巧加利用；初期喷白僵菌，卵期释放寄蜂。距地半尺之处，捆绑薄膜拦虫；薄膜宽约一尺，捆紧不留细缝。或用绿色威雷，设环让其触碰；胸高之处喷涂，碰上把命断送。虫在枝叶为害，农药防治费工；氧化乐果灌根，污染尽量莫用。

【形态特征】叶甲科害虫，幼虫、成虫取食榆叶。老熟幼虫近乳黄色，头顶有4个黑斑，单眼区黑色，前胸背板有2个黑斑。成虫近椭圆形，背部弧形隆起，前胸背板及鞘翅有金属光泽。一年发生1代，成虫在树兜附近浅土中越冬。卵数十粒成排产在枝梢末端或叶背。

紫红色和金绿色斑纹相间，有强烈的金属光泽

卵

幼虫

2. 柳蓝叶甲

【识别口诀】柳蓝叶甲深蓝，成虫娇小卵圆；具有金属光泽，鞘翅密布刻点；背面相当拱凸，前胸背板横宽。

【防治口诀】柳蓝叶甲，为害莫怕：基础做起，品种选下；抗虫适生，树种混杂；生物多样，相互倾轧。剪掉虫枝，卵块收纳；叶上虫蛹，及时灭杀。利用假死，成虫摇下。初冬季节，早做计划：石硫合剂，树干喷刷；清园翻土，仔细搜查；消灭虫源，来年难发。为害若重，农药救驾；阿维菌素，或者其他；选择晴天，早晚喷洒。林分郁闭，树木高大；施放烟雾，效果更佳。

【形态特征】又叫柳圆叶甲，属于鞘翅目叶甲科，幼虫、成虫取食柳、杨等林木的叶片。幼虫灰褐色，扁平，每节体上生长有一定数目的肉质毛瘤。老熟幼虫以腹部末端粘着在叶片上化蛹。成虫体长 3.5 ～ 5 毫米，深蓝色，椭圆形；鞘翅有明显的金属光泽和细密刻点。北方一年发生 3 ～ 6 代，长江流域 8 ～ 9 代，以成虫在树干基部、草丛、土缝或树干皮缝内越冬，具群栖性。卵产在寄主的叶背或叶面，竖立成块，排列不齐。

幼虫软软的

柳蓝圆叶甲的蛹

成虫椭圆形，深蓝色

3. 核桃扁叶甲

【识别口诀】核桃扁叶甲，识别不复杂：扁平长方形，紫黑泛光华；前胸背板色，棕黄印象大；鞘翅刻点粗，纵列密麻麻。

【防治口诀】可参考柳蓝叶甲防治口诀。

【形态特征】又叫核桃叶甲、核桃金花虫，属于鞘翅目叶甲科，成虫和幼虫取食核桃、枫杨等林木的叶片。初孵幼虫有群集性，老熟幼虫污白色，有 3 对胸足，头和足黑色，背部有暗斑和瘤点。老熟后倒悬于叶背蜕皮化蛹。成虫略成长方形，头小，中央凹陷，刻点粗密；前胸背板淡棕黄色，鞘翅紫黑色、紫色或蓝黑色，有金属光泽，点刻粗大，纵列。雌虫产卵期腹部膨大，突出于鞘翅之外。一年发生 1 代，以成虫在地面覆盖物中或树干基部皮缝中越冬，5 ～ 6 月为危害盛期。卵块状产于寄主叶背，每块 10 ～ 50 粒不等。

4. 白杨叶甲

【识别口诀】白杨叶甲，杨柳怕它；椭圆身体，个头不大；前胸背板，蓝紫当家；橙红鞘翅，别于其他。

【防治口诀】可参考柳蓝叶甲防治口诀。

【形态特征】又叫白杨金花虫，属于鞘翅目叶甲科，成虫、幼虫取食杨、柳等林木的叶片、嫩梢、嫩芽，主要为害 1 ～ 5 年生幼树和大树新梢的叶片。老熟幼虫头部黑色，前胸背板有“W”形黑纹；胴部（胸部和腹部）污白色，背面有 2 列黑点；幼虫遇惊扰后，体上的疣状突起放出乳白色有恶臭味的粘液自卫。老熟幼虫以尾端粘附于叶背或小枝上悬垂化蛹。成虫体长 12 ～ 15 毫米，椭圆形，黑色；前胸背板蓝紫色，两侧各有 1 条纵沟；鞘翅橙红或橙褐色，有金属光泽，密布刻点。成虫有假死性，受惊即坠地。一年发生 1 ～ 2 代，成虫 10 月下旬下树到落叶层或浅土层中越冬。卵竖立排列成块产于叶背或嫩枝叶柄处。

5. 葡萄十星叶甲

【识别口诀】葡萄十星叶甲，识别你也别怕：土黄身体椭圆，头小隐于胸下。前胸背板鞘翅，布有细点麻麻。宽大鞘翅上面，黑色圆斑如画；不多不少十个，略成三列排下。遇敌会泌黄液，恶臭使敌害怕。

【防治口诀】叶甲爱假死，防治可摇枝；成虫和幼虫，收齐再烫之。幼虫爱扎堆，摘叶再收拾。入土化蛹时，翻土蛹害死；秋末扫落叶，收集草枯枝；深埋或焚烧，虫源冬除治。保护其天敌，招引鸟捕食。虫多趁小喷，灭幼脲菊酯。

【形态特征】又叫十星瓢萤叶甲，成虫、幼虫取食葡萄、野葡萄等林木的叶片和嫩芽。老熟幼虫长椭圆形，略扁而肥，黄褐色，头小；除尾节外，各节两侧具3个顶端黑褐色的肉质突起。老熟幼虫在土中化蛹。成虫椭圆形，土黄色，每个鞘翅各有5个黑斑。成虫夜伏昼出，受惊会落地假死，并分泌出有恶臭的黄色液体。一年发生1～2代，多以粘结成块的卵在寄主附近的枯枝落叶层、石堆、表土、缝隙下越冬，南方也有以成虫在各种缝隙中越冬的现象。

黑圆斑三排共十个

6. 柑橘潜叶甲

【识别口诀】柑橘潜叶甲，幼虫潜叶中；蛀食叶中肉，不怕雨和风；形成宽虫道，弯弯有黑缝；成虫橘黄色，椭圆中央隆；受惊会假死，能爬也善蹦。

【防治口诀】柑橘潜叶甲，防治综合抓：防止虫带入，购苗细检查。树缝要填满，地衣翘皮刮；松土虫冻死，清园环境佳；消灭越冬虫，来年虫自垮。加强树管理，叶老虫难扎。摘除带叶虫，虫道好观察。及时收落叶，集中火焚化。成虫盛发期，薄膜铺树下；乘晴摇枝干，假死虫落下；收集烧或烫，时长防出岔。为害如严重，农药来喷洒；菊酯敌敌畏，效果顶呱呱；防止虫漏网，连喷二三下。

【形态特征】成虫、幼虫取食柑橘类林木的叶片、嫩梢，在叶面形成不规则弯曲的较宽蛀道，道内有粗黑线。幼虫深黄色，头和前胸背板褐色。幼虫会随受害叶片落至地面，在周围松土中作蛹室化蛹。成虫椭圆形，背面隆起，鞘翅及腹部橘黄色。一年发生 1 ～ 2 代，以成虫在表土下、树皮缝和地衣苔藓下越夏、越冬。卵产于嫩叶叶背或叶缘上。

7. 二纹柱萤叶甲

【识别口诀】鞘翅黄色或橘黄，黑色斑纹鞘上长；黑斑排成四横列，斑形或圆或长状；鞘上表面有刻点，明显排列成纵行。

【防治口诀】二纹柱萤叶甲，防治多想办法：卵期中耕除草，卵坏不能孵化。幼虫成虫假死，振落收集再杀。隆冬翻耕土壤，越冬成虫害怕。发现虫口较大，及早农药喷杀。

【形态特征】属于鞘翅目叶甲科，幼虫和成虫取食多种林木叶片。幼虫前胸背板有 1 条淡黄色中线，中线两侧各有 4 个三角形黑斑。6 月中旬老熟幼虫潜入寄主根部 3 ～ 5 厘米深的土中结土室化蛹。成虫体近椭圆形，体背凸起，体黑褐至黑色，鞘翅黄色或橘黄色，具多个黑色带或斑点，具光泽。幼虫和成虫均有假死性。成虫白天活动、取食。一年发生 1 代，以成虫越冬。5 月中旬卵散产于土缝中。

黑色鞘翅上有四排黑色斑块

8. 黑额光叶甲

【识别口诀】黑额光叶甲，头黑个不大；前胸和鞘翅，红褐色当家；鞘上黑横带，两条或变化。

【防治口诀】可参考二纹柱萤叶甲防治口诀。

【形态特征】属于鞘翅目肖叶甲科，主要以成虫取食柑橘、枣、葡萄、麻疯树、女贞、猕猴桃等多种林木的叶片为害，喜食嫩叶。成虫长方至长卵形；头黑色，前胸红褐色或黄褐色，有光泽，有时有黑斑，小盾片、鞘翅黄褐色至红褐；鞘翅上有2条黑色宽横纹，1条在基部，1条在中部以后，有时黑横纹不明显。虽食性较广，但为害一般不重，可结合其他食叶害虫进行防治。

9. 中华萝藦肖叶甲

【识别口诀】中华萝藦肖叶甲，长圆身体个不大；全身满满金属感，蓝色蓝绿色不杂。触角细长十一节，鞘翅基部能触达。

【防治口诀】可参考二纹柱萤叶甲防治口诀。

【形态特征】又叫中华萝藦叶甲，属于鞘翅目肖叶甲科，成虫取食萝藦、白首乌、茶叶花等林木的叶片、嫩梢及花。幼虫生活在土中为害植物根部。成虫长卵圆形，体长 7 ～ 12.5 毫米，蓝色、蓝绿或蓝紫色，金属光泽强烈；触角细长；前胸背板横宽，两侧边略圆形，向基部收窄；鞘翅基部稍宽于前胸，鞘翅上的刻点多紊乱，有的略呈纵行。成虫 5 月开始出现，寿命 2 ～ 3 个月，白天活动、取食，假死性强。一般一年发生 1 代，以老熟幼虫在土壤中做土室越冬。卵块产在于土中，深度多为 2 ～ 3 厘米。

蓝色个不大，食叶偶啃花

第三节　金龟子类食叶害虫

1. 铜绿丽金龟

【识别口诀】铜绿丽金龟，铜绿鞘与背；具有金属泽，细密点点缀；每个鞘翅上，纵肋纹一对。

【防治口诀】铜绿丽金龟，防治要学会：果园施厩肥，未熟肥不追。初冬深翻园，幼虫性命危。清晨温度低，振树虫自坠；收集火烧死，或者投热水。糖醋液诱杀，诱饵科学配；红糖取五份，加十二份水；米醋是三份，一份米酒兑。成虫之盛期，虫多药应对；选择胃毒剂，或绿色威雷。

【形态特征】又叫铜绿金龟子，属于鞘翅目丽金龟科，成虫取食葡萄、杨、榆等林木的叶片，幼虫为害植物根部。老熟幼虫体长30毫米左右，蛴螬状，乳白色；头黄褐色近圆形，前顶每侧各有8根刚毛，成一纵列。成虫长卵圆形；触角鳃叶状，黄褐色；前胸背板及鞘翅铜绿色，具金属光泽，上面有细密刻点，鞘翅肩部具疣突；颜面、前胸背板色泽略深。成虫昼伏夜出，飞翔力强，有趋光性和假死性，黄昏上树取食交尾。在北方一年发生1代，以老熟幼虫在土中越冬。卵喜产于富含有机质土壤中。

2. 黄闪彩丽金龟

【识别口诀】这种金龟黄澄澄，好似纯金铸造成；翅面刻点成纵列，个头大小算中等。

【防治口诀】可参考铜绿丽金龟防治口诀。

【形态特征】又叫浅褐彩丽金龟，属于鞘翅目丽金龟科，成虫取食板栗、栎、葡萄、杨、榆等林木的叶片，幼虫取食植物根部。成虫淡黄色或铜绿色，有金属光泽，背面浅黄色，鞘翅更淡。前胸背板四边有边框，小盾片短阔，鞘翅刻点浅大，可见平缓纵肋。成虫5～7月为害，趋光性强，有群集为害现象。一年发生1代，以老熟幼虫在土壤中越冬。

通体黄澄澄

3. 斑喙丽金龟

【识别口诀】斑喙丽金龟，成虫不算美：个小体椭圆，识别先看“嘴”；唇基半圆形，前缘翘微微。褐色鞘翅上，白斑排成队。

【防治口诀】可参考铜绿丽金龟防治口诀。

【形态特征】又叫茶色金龟子，属于鞘翅目丽金龟科，成虫取食油茶、板栗、枫杨、刺槐、梧桐、桃等多种林木的叶片及嫩枝。幼虫乳白色，头部棕褐色；肛腹片后部的钩状刚毛较少，排列均匀。成虫体长 1 厘米左右，长椭圆形，褐色或棕褐，全体密被乳白色披针形鳞片，光泽较暗淡。唇基近半圆形，前缘高高折翘，头顶隆拱，复眼圆大；前胸背板甚短阔，前后缘近平行，侧缘弧形扩出；鞘翅有 3 条纵肋纹可辨，上有鳞片密聚而呈白斑，端凸上也有明显白斑。成虫群集性强，夜间取食，有趋光性、假死性。一年发生 1 ～ 2 代，以幼虫在土中越冬。

4. 曲带弧丽金龟

【识别口诀】曲带弧丽金龟，鞘上曲带点缀；有时裂为两斑，有时横带变没。再看臀板基部，两大毛斑匹配。

【防治口诀】可参考铜绿丽金龟防治口诀。

【形态特征】属于鞘翅目丽金龟科，成虫取食栎类等多种林木的叶片及嫩枝。成虫体墨绿色，前胸背板和小盾片带强烈金属光泽；鞘翅黑色或红褐，每鞘翅中部各有 1 条浅黄褐或红褐色曲横带，横带有时分裂为 2 斑，有时横带不明显；臀板基部有 2 个大毛斑。成虫常见于 5 ～ 7 月，群集性强，夜间取食，有趋光性和假死性。一年发生 1 ～ 2 代，以幼虫在土中越冬。卵散产于土壤中。

5. 中华弧丽金龟

【识别口诀】中华弧丽金龟，个小喜欢扎堆；头与前胸背板，泛着青铜光辉；前胸背板隆起，中央凹陷向内。

【防治口诀】可参考铜绿丽金龟防治口诀。

【形态特征】属于鞘翅目丽金龟科，成虫取食板栗、栎、葡萄、核桃等农林作物的叶片、芽、花、果，幼虫取食植物根部。老熟幼虫乳白色，臀节腹面复毛区中央的刺毛列呈“八”字形叉开。成虫个体不大，头、前胸背板、小盾片和胸、腹部腹面3对足均为青铜色，有金属光泽；头顶、前胸背板密被刻点，前胸背板圆拱形隆起，中央呈弧状内陷；鞘翅浅褐或草黄色，周缘呈深褐或墨绿色，鞘翅背面具6条相平行的刻点沟；臀板基部有两个白色毛斑，腹部1～5腹板侧端毛聚成白斑。成虫 6～7月多见，白天取食叶片，夜间潜伏土中，少数则静伏于叶片间，飞翔力较强，具假死性，无趋光性，盛发期常群集危害。一年发生1代，以3龄幼虫于30～70厘米深的土层中越冬。卵散产于2～5厘米土层内。

6. 黑绒鳃金龟

【识别口诀】黑绒鳃金龟，卵圆体色黑；身披丝绒毛，鞘上沟点缀。

【防治口诀】黑绒金龟子，为害多方治；首先护天敌，生物互抑制。灯光糖醋液，诱杀在其次。振树虫坠落，清晨更好使；收集集中烧，或药或烫死；喂鱼喂家禽，利用更增值。幼虫叫蛴螬，土中吃腐殖；锄草常灌水，翻耕虫捡拾；不施生厩肥，荒地树栽植。灌根灭幼虫，毒土虫杀死；成虫发生期，叶上药喷施。

【形态特征】又叫黑绒金龟子、天鹅绒金龟子等，属于鞘翅目鳃金龟科，成虫取食杨、榆、刺槐等百余种林木的嫩叶、幼芽，幼虫取食植物根部。幼虫乳白色，共 3 龄，在土中取食腐殖质和植物根系，老熟后在 30 ～ 45 厘米深土层中化蛹。成虫卵圆形，前狭后宽；黑褐色，体表具丝绒般光泽；鞘翅具 9 条浅纵刻点沟，外缘具稀疏刺毛。成虫白天在土缝中潜伏，夜间活动，具假死性和趋光性。一年发生 1 代，以成虫在土壤中越冬，次年出蛰取食发芽较早的杂草，4 月中下旬至 6 月上旬取食林木嫩叶幼芽。卵散产于土壤中。

7. 大云鳃金龟

【识别口诀】大云鳃金龟，个大体栗黑；身上有白斑，云纹也很美。

【防治口诀】可参考黑绒鳃金龟防治口诀。

【形态特征】又叫云斑鳃金龟、石纹金龟子、大理石须金龟等，属于鞘翅目鳃金龟科，成虫取食松、杉、杨、柳、桃等林木的叶片、芽、嫩茎。幼虫取食植物根部，蛴螬状。成虫大型，长椭圆形，背面相当隆拱。体栗黑色至黑褐色，被乳白色鳞片组成的各式斑纹。鞘翅上有云纹状斑纹，大斑之间有游散鳞片。成虫发生于6～8月，白天静伏，黄昏时飞出活动，求偶、取食。3～4年发生1代，以幼虫于土壤中越冬。产卵多在林间空地富含腐殖质的地段。

8. 白星花金龟

【识别口诀】白星花金龟，白斑背上背；绒斑横云状，古铜鞘上配；椭圆背面平，光亮色优美。

【防治口诀】白星花金龟，害果是其罪；危害伤口果，近熟果也追；喜欢香气果，烂果更觉美；蛀果成空洞，喜欢结群对；也啃花嫩叶，嫩叶花早毁；成虫古铜色，个大生光辉；白色斑密布，鞘翅前胸背；一年发一代，五月出土飞；幼虫名蛴螬，冬季躲土内；清晨温度低，振树虫自坠；初冬深翻园，蛴螬性命危；糖醋液诱杀，科学方法配；红糖取五份，加十二份水；米醋是三份，一份米酒兑；果园施厩肥，不施未熟肥；捣烂其成虫，三天泡于水；滤出过滤液，成虫怕此味；稀释喷果上，环保人不累。

【形态特征】又叫白星金龟子，属于花金龟科，成虫取食苹果、葡萄、梨等林木的嫩叶、芽、花、果实，尤喜腐烂的果实。幼虫为蛴螬状。成虫体黑紫铜色，有金属色泽；体宽背平，鞘翅上有白色斑纹，臀板有绒斑 6 个。一年发生 1 代，以幼虫在腐殖质土和厩肥堆中越冬，卵散产于土中。

第四节 象甲类食叶害虫

1. 茶丽纹象

【识别口诀】茶丽纹象个头小，成虫食叶叶上找。体背黄绿闪金光，前胸背板纹三条；鞘翅具有黄纵带，黑黄相间较明了；细长弯曲呈膝状，端部膨大是触角。

【防治口诀】幼虫生活在土壤，化蛹也在土中藏；翻耕施肥在冬季，蛹期深耕把命丧。带土苗木细检疫，可将虫源严阻挡。善待天敌多利用，鸡鸭家禽可帮忙。利用成虫假死性，振树收集开水烫。成虫羽化五六月，喷洒农药是化防。

【形态特征】又叫花鸡娘，属于鞘翅目象甲科，成虫取食茶、油茶、柑橘、梨等林木的叶片，5 月上中旬至 8 月为成虫为害期。成虫体长 4.0 ～ 5.5 毫米，灰黑色，有近于直立的长毛，其中头部和前胸的毛较短；触角膝状，端部 3 节膨大；前胸背板有 3 条光滑的宽纹；鞘翅面有黄绿色纵带，近中央处有较宽的黑色横纹；喙细长，两侧略平行。阳光强烈时多栖息于叶背或枝叶隐蔽处，黄昏前后取食最盛，有假死性，具弱趋光性。一年发生 1 代，以幼虫在土壤中越冬。卵散产表土中或地表落叶下。

2. 花斑切叶象

【识别口诀】花斑切叶象，虫名挺恰当：成虫金黄色，黑斑多查访；眼间是一个，胸背二三双；鞘翅各六个，一个足上长。幼虫怕风雨，切叶卷筒忙。

【防治口诀】幼虫卷叶筒中待，虫口不多随手摘。清晨摇树收成虫，收集处死除祸害。释放寄蜂喷真菌，本土天敌更善待。冬季清园除杂草，环境洁净总不坏。虫多喷药是应急，胃毒剂型药多买。

【形态特征】属于鞘翅目象甲科，幼虫、成虫取食麻栎、板栗、朴等林木的叶片。幼虫在卷成筒状的筒巢中取食，老熟后在筒中化蛹。成虫金黄色，有黑斑，具光泽，有假死性。头部在复眼后方延长成细颈状，喙粗短，上颚肥大如钉，复眼间有一黑斑。触角短小，末端粗大，略呈棒状。前胸背板上有 4 ～ 6 个黑斑。小盾片上有一黑纹，小盾片下的鞘缝上有一个黑纹。鞘翅金黄色，有 3 条明显的肋状突起，每一鞘翅上有 6 个黑纹，不同个体的斑纹有变异。足鲜黄色，腿节端部有 1 个黑斑。一年发生 1 代。卵产于叶上，并切叶卷成筒状。

3. 栎长颈卷叶象

【识别口诀】栎长颈卷叶象，身红褐颈子长；卷叶片似粽子，产虫卵里面装；幼虫皱体黄色，将虫苞当食堂。

【防治口诀】卷叶如粽子，好认好防治。虫苞随时剪，地上也捡拾；及时火焚烧，防止苞遗失。成虫可振落，利用其假死。天敌多善待，保护在平时。翻耕土壤熟，破坏虫蛹室。冬季清园地，焚烧落叶枝；杀死越冬虫，来年虫不滋。成虫出现期，农药巧喷施；可用触杀剂，噻虫啉菊酯。

【形态特征】属于鞘翅目卷象科，成虫、幼虫取食栎类和榛类的叶片，幼虫在饺子形的叶苞中取食。老熟幼虫杏黄色，呈“C”形，头壳棕褐色。待叶苞干枯脱落后，幼虫爬到表土内建土室化蛹，1 只幼虫仅危害 1 片叶。成虫红褐色，有金属光泽，光滑无毛。雄成虫头部强烈伸长形成圆柱形细颈，雌成虫头部较短。成虫取食叶缘，不善飞行，具假死性。一年发生 1 ～ 2 代，以成虫在枯枝落叶或表土中越冬。选择树冠中下部较大叶片的主脉上咬出 8 ～ 10 个横切口，产完卵后卷成粽子形，常一苞一粒。

C 形，杏黄色
虫苞卷得一丝不苟

第五节　铁甲类食叶害虫

1. 泡桐叶甲

【识别口诀】这个幼虫很稀奇，屁股上翘附蜕皮；身如纺锤淡黄色，每节各有肉突起。

【防治口诀】泡桐叶甲，防治无它：保护天敌，不再多话。选择品种，此虫不爬。加强经营，树壮抗压；秋冬清园，林净虫寡；翻耕土壤，虫口降下。发生较重，农药喷洒；打孔注药，如树高大。

【形态特征】又叫泡桐金花虫、北锯龟甲等，属于鞘翅目铁甲总科龟甲科，幼虫、成虫取食泡桐、楸树等林木的叶片。老熟幼虫体淡黄色，纺锤形；体侧具肉质刺状突起，腹部末节背面有 1 对较粗的浅黄色刺突，向前方翘起，上附蜕皮，覆盖大半个虫体，化蛹前脱落。成虫橙黄色，椭圆形；前胸背板和鞘翅的边缘向外延伸扩大平展呈片状称敞边，敞边内隆起部称盘区；鞘翅背面凸起，中间有 2 条淡黄色隆起线；敞边近末端 1/3 处各有 1 个黑斑。一年发生 2 代，以成虫在石块下、树皮缝内及地被物下或表土中越冬。卵多产于叶片背面、嫩枝和叶柄上，有泡沫状分泌物覆盖。

幼虫

蛹

泡桐叶甲成虫

2. 甘薯台龟甲

【识别口诀】甘薯台龟甲，似龟色更佳；体背金绿色，黑纹“U”形画；敞边还透明，晶莹色不杂。

【防治口诀】甘薯台龟甲，虽少也要杀；结合树管理，虫情经常查；随手除卵蛹，除患在萌芽。幼虫比较懒，捕捉随时抓。成虫爱假死，振树便落下；覆膜收集齐，开水烫死它。虫口比较多，农药需喷洒；菊酯灭幼脲，低毒莫滥杀；保护是天敌，生物多样化。冬季勤清园，落叶火焚化；消灭是虫源，园净病虫寡。

【形态特征】又叫甘薯小龟甲，属于鞘翅目龟甲科，幼虫、成虫取食甘薯、桑、柑橘等植物的叶片。幼虫长椭圆形，身体四周有棘刺 16 对，尾须 1 对。成虫体拱似龟，黄绿至青绿色，有金属光泽；前胸背板、鞘翅四周向外延伸部分具网状纹；前胸背板后方中央有 2 条紧靠的黑斑纹，有的合并在一起；鞘翅背面隆起处边缘有一黑色至黑褐色“U”形斑，中缝处有 1 纵纹，有的消失；敞边无斑纹。因地域不同，一年发生 4 ～ 6 代，成虫在杂草枯叶下、缝隙中越冬。卵散产在叶脉附近。

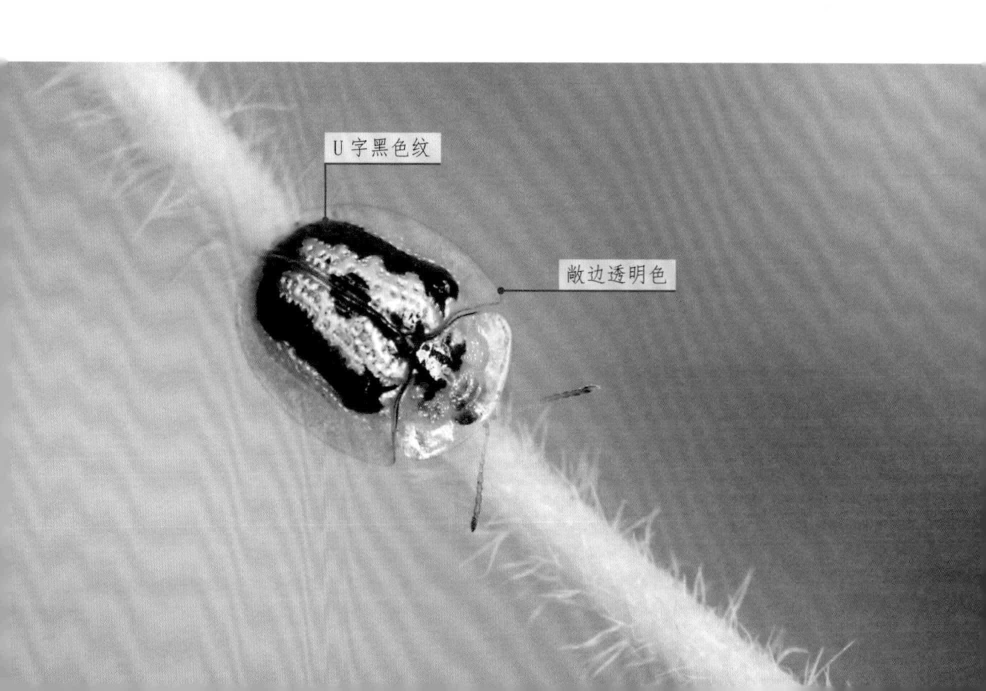

3. 苹果台龟甲

【识别口诀】苹果龟甲金晃晃，“X”形隆脊背背上；鞘翅敞边有黑斑，一边一个在后方。

【防治口诀】可参考甘薯台龟甲防治口诀。

【形态特征】又叫苹果龟甲、二星龟甲、苹果叶甲等，属于鞘翅目铁甲总科龟甲科，成虫、幼虫取食苹果、梨、桃、李、花楸、樱桃等林木的叶片，低龄幼虫食叶肉残留表皮，日久变黄干枯，高龄幼虫和成虫食叶成缺刻与孔洞。幼虫扁长椭圆形，尾端较细，背面略隆起，鲜绿色，各体节两侧生有扁平长刺突，刺突两侧生有细刺呈枝刺状，第9腹节背面生有褐色叉状举尾器，蜕皮附于其上。成虫近圆形或圆卵形，头小隐于前胸背板下。鞘翅中部最阔，背面颜色变异较大，活体有金光，而越冬期多呈淡黄至黄褐色，有光泽；敞边乳白透明，中后部有1个黑斑；鞘翅中部驼顶有1个明显的淡色“X”形突脊，有的个体无斑纹。成虫有假死性，寿命长。以成虫在粗翘皮下越冬，寄主发芽后出蛰为害。卵多产于叶上。

4. 甘薯蜡龟甲

【识别口诀】甘薯蜡龟甲，棕黄如涂蜡；前胸背盘区，两“眼”把敌吓；有时斑不见，你也莫惊讶；鞘翅黑斑多，斑纹有变化；敞边粗刻点，形成小凹洼；甘薯它最爱，食叶是行家。

【防治口诀】可参考甘薯台龟甲防治口诀。

【形态特征】又叫甘薯腊龟甲、甘薯褐龟甲、甘薯大龟甲等，属于鞘翅目铁甲总科龟甲科，成虫、幼虫取食旋花科等植物的叶片。幼虫移动性小，体扁平，黄色至黄褐色，胸、腹部两侧各有黄褐色棘刺 8 对，前胸背板前方有 1 对半圆形眼斑；尾部上举，尾叉翻卷于背上，上有蜕皮壳和略呈等腰三角形的大粪疤，蜕下的皮和排泄物贴伏背上。成虫体近三角形，体背密布粗皱纹或刻点，棕色或红棕色，初羽化时色淡；鞘翅上有黑斑，斑形变异较大，其中敞边上的 2 个斑常向盘区伸延并与翅中部的斑点合并。黄淮流域一年发生 2 ～ 4 代，南方 5 ～ 6 代，有世代重叠现象，以成虫在杂草、土缝等隐蔽处越冬。卵产于叶背，呈鞘块状，每鞘内有卵 2 ～ 4 粒。

雌雄成虫外部形态基本一致

5. 山楂肋龟甲

【识别口诀】这个龟甲像乌龟，体色幽暗黑色背；敞边有斑似四脚，尾端细斑如龟尾。

【防治口诀】可参考甘薯台龟甲防治口诀。

【形态特征】属于鞘翅目铁甲总科龟甲科，幼虫、成虫取食山楂、旋钩子、打碗花等植物的叶片。成虫移动性小，体色幽暗不光亮，背部大部酱褐色至黑色，体背有网格纹；敞边淡黄，透明或半透明，具 3 个与盘区同色的棕酱色大斑，其中基部与中后部 2 个均很大，中缝尾端很小似尾巴，有时不明显。通常前胸背板较淡，鞘翅盘区全部黑色或紫褐色，有时驼顶横脊较淡。成虫寿命长，具假死性。

背部粗糙，有黑斑呈龟形

假死的山楂肋龟甲

6. 三刺趾铁甲

【识别口诀】长方形，个不大；尖尖刺，密麻麻；如勇士，披铠甲。前胸背，细观察；刺四撮，防被扎；每撮刺，分三岔。

【防治口诀】幼虫潜食叶中间，虫道弯曲带黑线；加强管理多观察，少量随手虫叶剪。冬季翻耕虫冻死，感病被吃难避免。薄膜铺地再摇动，成虫假死坠地面；赶紧收集防逃逸，烫死焚毁较安全。虫口较多用药喷，胃毒剂型效明显；成虫为害到处飞，林密燃烟也方便。

【形态特征】属于鞘翅目铁甲科，成虫、幼虫取食竹、稻等禾本科植物的叶片。幼虫潜食叶肉，形成白色或淡黄色弯曲虫道，在虫道中化蛹。成虫在叶表啃食叶肉，有假死性。成虫较小，长方形，黑色有光泽；前胸前缘刺每侧 3 个，第 1 刺最短，向前斜伸，与第 2 刺共具 1 个很短的基炳，第 3 刺最长，几乎与身体垂直；侧缘刺每侧 3 个，第 2 刺稍长于第 1 刺，二者基部相连，第 3 刺约为第 2 刺一半长，与前刺分立。鞘翅刻点密而整齐。一年发生 1 代，以成虫在土壤中越冬，卵产在寄主叶片的正面。

第六节　芫菁类食叶害虫

1. 红头豆芫菁

【识别口诀】俗称鸡冠虫，也叫红头娘；身体漆黑色，头红胸狭长；鞘翅较柔软，没有腹部长；两翅端分离，难以合拢上。

【防治口诀】红头豆芫菁，成虫把叶侵。网捕或振落，利用假死性。树边挂其尸，闻味怕靠近。善待其天敌，鸟类多招引。结合冬翻土，结果蛹性命。成虫为害期，虫多药喷淋；胃毒触杀剂，喷足喷均匀。

【形态特征】又叫鸡冠虫、红头娘等，属于鞘翅目芫菁科，成虫取食白花泡桐、枳椇、合欢等林木的叶片、嫩芽。受惊会分泌有异味、毒性的黄色斑蝥素。幼虫以竹蝗卵为食。幼虫前、后期形态不同，属于复变态昆虫，幼虫行动敏捷，遇惊即卷曲假死。5月下旬至8月中旬成虫发生，成虫体黑色；头红色，下口式，具有很细的"颈"；鞘翅狭长，柔软，两侧近于平行；六足细长。成虫喜群集，点片状危害明显，有假死性。一年发生1代，以假蛹在土下越冬，次年4月初蜕皮为6龄，4月下旬至5月下旬化蛹，7月初至8月中旬产卵于土中。

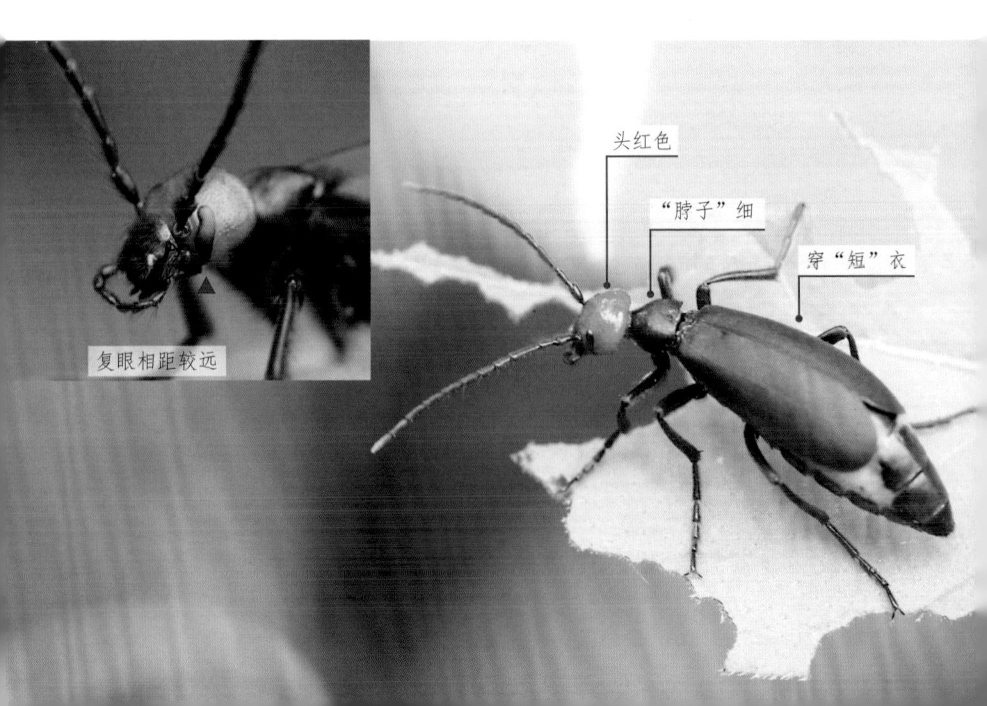

2. 毛胫豆芫菁

【识别口诀】这种芫菁若介绍，可与红头相比较，鞘翅边缘与腹部，都有绒质灰白毛，前足胫节有端刺，红色头部如三角。

【防治口诀】可参考红头豆芫菁防治口诀。

【形态特征】属于鞘翅目芫菁科，成虫取食桑、白花泡桐、马铃薯等植物的叶片、嫩芽。幼虫生活于地下，以直翅目及膜翅目昆虫的卵为食。成虫与红头豆芫菁很相似，但鞘翅、腹节末端有灰白色绒毛。成虫常群集为害，有假死性，受惊时足的基部会分泌出黄色液体，能引起人的皮肤过敏。一年发生 1 代，以蛹在土中越冬，卵产于土中。

3. 白条芫菁

【识别口诀】白条芫菁有白条，白条原是灰白毛。前胸背板和鞘翅，中间都有线一道；前胸两侧鞘翅边，灰白绒毛线样绕。

【防治口诀】可参考红头豆芫菁防治口诀。

【形态特征】属于鞘翅目芫菁科，成虫取食桑、豆科植物及蔬菜的叶片、嫩茎和花瓣，严重时可将全叶吃光。成虫体长 15 ～ 18 毫米，头部略呈三角形，触角基部有 1 对黑瘤，复眼及其内侧黑色，头部其余部分为红黄色。雌虫触角丝状，雄虫触角栉齿状，第 3 节至第 7 节扁而宽。胸、腹部均为黑色。前胸背板中央以及每个鞘翅上都有 1 条纵行黄白色条纹，前胸两侧、鞘翅四周以及腹部各节的后缘都丛生灰白色绒毛。一年发生 1 代，习性与红头豆芫菁相似。

第七节 瓢虫类食叶害虫

1. 菱斑食植瓢虫

【识别口诀】菱斑食植瓢虫，成虫心形背拱；背为红褐颜色，密布短细毛茸；鞘翅各有七斑，黑色形状不同。

【防治口诀】菱斑食植瓢虫，成虫缝中越冬；搜寻越冬场所，捕杀容易成功；利用成虫假死，可把树木振动；结合其他农事，摘卵利用人工；发现幼虫成虫，杀灭不要纵容；虫多化学防治，虫少天敌调控。

【形态特征】属于鞘翅目瓢甲科，成虫和幼虫取食多种林木、蔬菜的叶片。成虫个体较大，近于心形，背面明显拱起；体背面红褐色有黄色细毛，黑斑上的毛黑色；头部无斑，前胸背板中部有1块大型黑色横斑；鞘翅上各有7个黑斑，分别呈三角形、四角形、梨形。成虫有假死性，昼夜均可群集或散生于叶背取食，有时也在叶片正面取食，以白天为主。一年发生2代，以成虫在隐蔽处的砖缝、土缝、墙缝中越冬。

2. 中华食植瓢虫

【识别口诀】中华食植瓢虫，识别斑上用功：鞘翅各有五斑，斑黑鞘翅褐红。

【防治口诀】可参考菱斑食植瓢虫防治口诀。

【形态特征】属于鞘翅目瓢甲科，幼虫、成虫取食竹、杜虹花等植物的叶片。老熟幼虫梨形，体背布满枝刺突，前胸左右两侧近前缘处各有枝刺2根。成虫卵形，背部拱起，棕红色具灰白色短毛，前胸背板有1个黑色横斑，两端尖狭，翅鞘左右各有5枚黑斑，按2、2、1排列。

每个鞘翅有5个黑斑

3. 茄二十八星瓢虫

【识别口诀】鞘翅有斑二十八，一边十四斑排下；斑是黑色多边形，排列规整齐刷刷。

【防治口诀】可参考菱斑食植瓢虫防治口诀。

【形态特征】俗称“茄虱”，属于鞘翅目瓢甲科，成虫和幼虫取食多种林木、蔬菜的叶片。幼虫畏强光，初孵时群集于叶背，取食叶肉，2～3龄后分散危害。老熟幼虫体长7毫米左右，体背枝刺白色；在叶背或茎基部化蛹。成虫略小，前胸背板有6个黑点（有时中间4个连成1个横长斑），两个鞘翅上共有28个黑斑，其中基部3个黑斑后方的4个黑斑几乎在一条直线上，两鞘翅合缝处黑斑不相连。成虫畏强光，喜栖息叶背，有假死性。昼夜取食，以干旱的白天为主。一年发生2～4代，世代重叠严重，以成虫群集在背风向阳的石头土块下、树洞、缝隙或山坡半山坡土壤中越冬。卵成块产于叶背。

第八节　其他食叶甲虫

1. 桑粒肩天牛

【识别口诀】桑粒肩天牛，常见普遍有；头顶微隆起，中央一纵沟；身体和鞘翅，黄褐毛如锈；前胸近方形，背板多横皱；两侧之中间，各具一刺突。鞘翅之基部，密生黑痘痘。

【防治口诀】栽树选种苗，其中多考究；品种选在前，天生抗天牛。其次选树苗，健壮是基础；出圃要检疫，病虫莫外流。选择造林地，仔细查地头；适地选适树，周围有牛否？有牛除干净，隐患莫遗留；提倡混交林，树“乱”牛昏头；设置隔离带，路远难渗透。科学布诱木，不留虫活口；例如杨林边，选栽桑与构；丢卒能保帅，技高牛一筹。结合枝修剪，可把虫枝修。抚育或间伐，被蛀树清走；衰弱被压木，濒死或腐朽；生长不良树，林密也要抽；树少营养全，枝稀光通透；增加土肥水，树壮牛发愁。再说生物法，历史也悠久；释放寄生蜂，寄生牛难救；招引啄木鸟，将牛树中揪；感染白僵菌，不分老与幼。距地一米高，挂瓶把虫诱；内装一份糖，再加半份酒；还有一份半，用的是浓醋；利用性诱剂，引牛自来投。利用物理法，捕捉可用手；五至九月间，成虫乱游走；树边常查看，仔细将牛搜。利用假死性，振树将其收。发现新鲜粪，寻找蛀孔口；可插粗铁丝，转动将虫钩；树上卵痕处，可将卵挖走；寻找低龄牛，树皮可轻剖；或用锤子锤，或击用石头。防止牛产卵，涂白将牛堵；八份生石灰，一点动物油；硫磺与食盐，各用一份凑；再者是热水，廿份就足够；树干两米内，细涂不遗漏。离地一米内，包棕将牛逗，或用编织袋，绕干两三周；干基或涂泥，掺药泥粘厚；牛卵产其上，不孵难有后；可用钢网罩，将牛树中囚。化学防治法，应用放最后；蛀孔有新粪，塞入毒棉球；或用樟脑丸，磨粉孔中丢；熏杀里幼虫，黄泥封孔口；枝上找卵痕，抹药其左右；药是敌敌畏，按比掺煤油；成虫出洞前，喷药于树周。也可树输液，用药慎选购；天牛一插灵，内吸易渗透；树中自传导，天牛性命休。喷绿色威雷，树表将牛候；牛爬碰药囊，囊破药外流；药粘天牛身，性命不长久。

【形态特征】又叫桑天牛，属于鞘翅目天牛科，蛀食桑树、无花果、海棠等多种林木的树干、树皮。老熟幼虫圆筒形，乳白色；前胸节特别大，方形，背板上密生黄褐色刚毛和赤褐色点粒，并有″小″字型凹陷纹。成虫个头中等，体翅土褐色，密生黄褐色细绒毛；头部中央有 1 条纵沟，体密被黄褐色细绒毛；前胸背面有横向皱纹，两侧中央有一刺状凸突，鞘翅基部密生颗粒状黑粒点。2 ～ 3 年完成 1 代，以幼虫在树干隧道中越冬。成虫将小枝表皮咬成“U”形刻槽，然后产入 1 ～ 5 粒卵。

身体黄褐色，肩部密布小黑瘤

2. 桃四黄斑吉丁

【识别口诀】桃四黄斑吉丁，识别黄斑看清；四个排在鞘翅，一个生在头顶；身体黑色光亮，两边近于平行。

【防治口诀】桃四黄斑吉丁，幼虫枝内藏形；苗木严加检疫，虫源杜绝流进。平时加强管理，死枝剪去放心；遇到幼虫蛀痕，用刀将其挖净；或刷氧化乐果，或用掺药泥泞。成虫发生期间，振树一网打尽；或喷绿色威雷，碰到难逃一命。

【形态特征】又叫四黄斑吉丁，属于鞘翅目吉丁甲科，成虫取食桃、李等林木的叶片和嫩梢。幼虫钻蛀枝干为害，初孵时乳白色，老熟幼虫污白色，细长，头小，缩入前胸，仅外露口器。成虫有假死性，长筒形，全体深黑色有光泽，头部短；复眼暗棕色，复眼间有 1 个圆形较大的黄斑；前胸背板中前部隆起，后端稍低；鞘翅两侧中前部近于平行，后 2/3 处略膨大，随后渐向顶端收窄，翅顶圆弧状；每鞘翅近末端有 2 条较大的黄色横斑，共 4 个。一年发生 1 代，以幼虫在被害枝干蛀道内做蛹室越冬。卵多散产于枝干的向阳面的缝隙中。

[第五章]

膜翅目林木食叶害虫

第一节 膜翅目昆虫识别

1. 识别口诀

膜翅目，翅如膜；蜂与蚁，是楷模；两对翅，互连锁；前翅大，细观摩。颈细小，头灵活；可转动，可伸缩；复眼大，是两个。其口器，看真灼；咀嚼式，数量多；嚼吸式；也不错。

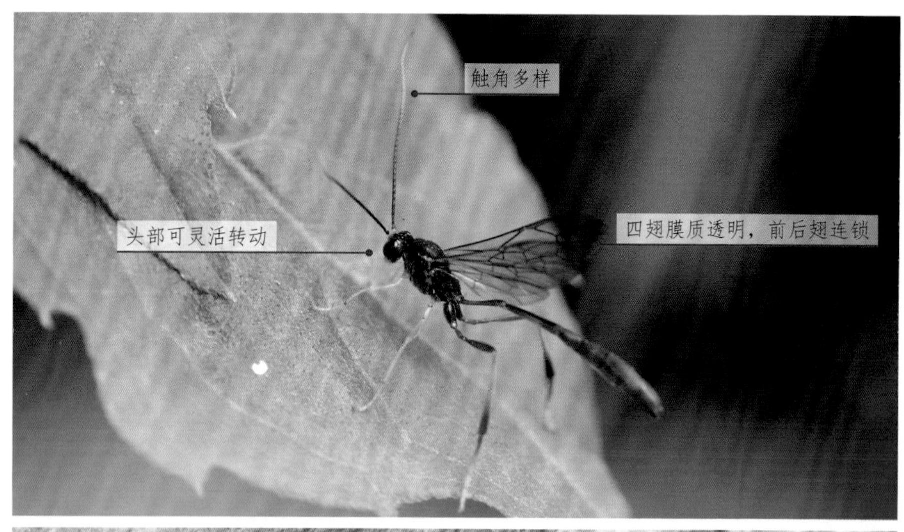

膜翅目昆虫中有很多分工明确的社会性昆虫

膜翅目昆虫包括植食性的叶蜂、树蜂、茎蜂等，寄生性的姬蜂、蚜茧蜂、小蜂等和社会性的蜜蜂、胡蜂、蚂蚁等，其中，植食性的农林作物害虫只是其中的一小部分。膜翅目昆虫的最大特点就是成虫前后翅均为膜质、透明，且质地相似，后翅前缘有翅钩列与前翅连锁；颈部细小、灵活，头部可自由转动；口器咀嚼式或嚼吸式。一生经历卵、幼虫、蛹和成虫，为全变态昆虫，是昆虫纲中第三大目。

捕食害虫的胡蜂

姬蜂将卵产进全变态昆虫幼虫或蛹内孵化、生长直至羽化

蟹蛛捕食膜翅目昆虫

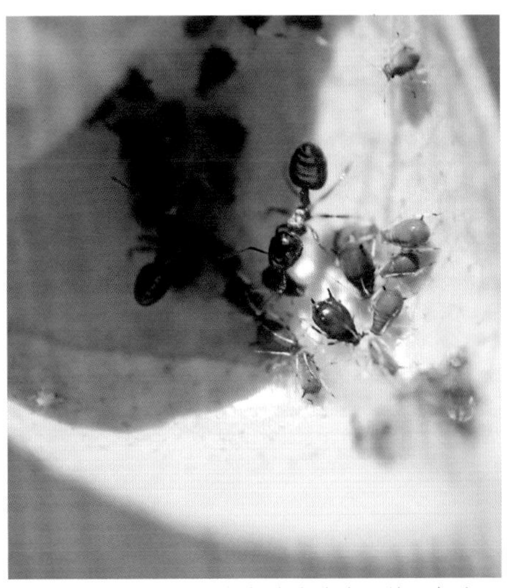

蚂蚁把蚜虫变成自己的“奶牛”

2. 防治方法

（1）加强土、肥、水、光、气、热管理，合理修剪，培育健壮树势，改善树林间、冠内环境条件。

（2）及时清理林间枯枝落叶、杂草杂物并集中无害化处理；结合松土、施肥，对树冠下土壤进行深翻，破坏、消灭藏匿其间的茧、蛹，特别是越冬蛹，降低虫口基数。

（3）保护螳螂、蜘蛛、草蛉、益蝽、瓢虫、寄生蜂、鸟类等天敌；孵化盛期至低龄幼虫期喷洒苏云金杆菌、青虫菌、白僵菌等生物制剂，减少对环境的污染，维护生态平衡，达到有虫不成灾的目的。

（4）低矮幼树上少量发生时，可人工摘除并灭杀幼虫和卵。对于月季三节叶蜂等在嫩梢上产卵的食叶害虫，可结合修剪，及时剪除带卵枝（有产卵痕），或用小刀刮除卵块。

（5）成虫羽化初期至盛期网捕成虫，或用 1.2% 烟碱・苦参碱、50% 杀螟松乳油、40% 辛硫磷乳油等喷雾杀灭，减少产卵量。

（6）对于有假死性的叶蜂幼虫，可于清晨摇动枝干，振落后及时灭杀或投喂家禽。

（7）加强森林植物检疫，防止将虫源（茧）随土球、苗木、林木及其制品传入或远距离传播。

（8）幼虫入土结茧前，向地面喷绿色威雷触破式微胶囊水剂，触杀入土幼虫。

（9）做好虫情调查监测工作，狠抓第一代幼虫防治。如果虫口密度较高，可选择孵化盛期至 2 龄幼虫前治早、治小、治了，选用灭幼脲III号、除虫脲悬浮剂、森得保可湿性粉剂等喷雾应急，由于世代重叠，应间隔一至两周，轮换用药连喷 2～3 次。

（10）大量发生时，对树体高大，郁闭度 0.6 以上又远离居民区的片林，可选用无人机喷雾，或选择无风天气的早晚燃放苦参碱烟剂或用烟雾机喷烟防治。

第二节 叶蜂类食叶害虫

1. 樟叶蜂

【识别口诀】樟叶蜂，吃樟叶。老熟虫，头黑色。淡绿身，多皱褶。前两节，腹背侧；及胸部，点黑色。腹后部，常卷折。

【防治口诀】论防治，宜先知：冬翻地，茧冻死。其天敌，多培殖；虫治虫，很好使。四五月，蜂开始；白僵菌，可喷施。杀幼虫，用菊酯；虫不齐，喷多次；中间隔，七八日。其幼虫，挤一起；连叶摘，不吃力。其化蛹，喜入地；地喷药，虫立毙。

【形态特征】又叫樟中索叶蜂，属于膜翅目叶蜂科，幼虫取食樟树的叶片、嫩梢，造成叶片残缺或光梢。老熟幼虫头部黑色，胴部淡绿色，体表布满黑色斑点，体背多皱，腹部后半常弯曲。成虫翅膜质透明，翅脉明晰可见；中胸发达，棕黄色，后缘呈三角形，上有“X”型凹纹；腹部蓝黑色，有光泽，足浅黄色。茧丝质，黑褐色，椭圆形。一年发生 1 ～ 3 代，发生期不整齐，世代重叠，常有滞育和孤雌生殖现象。以老熟幼虫在土中结茧越冬，卵散产在嫩叶表皮内。

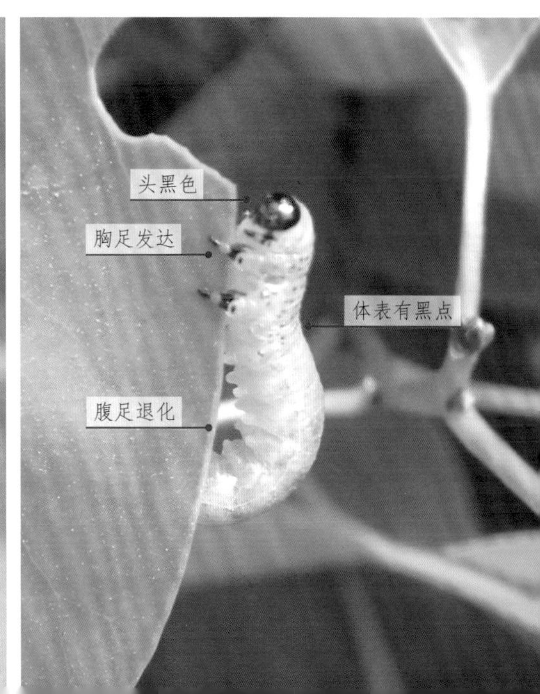

2. 月季三节叶蜂

【识别口诀】月季三节叶蜂，月季遇它头痛。成虫触角三节，蓝黑翅足和胸；腹部橙黄颜色，枝间可见行踪。幼虫食叶为害，遇敌“S”形扭动；老熟幼虫浅绿，头部亮褐深重；臀板黑色像斑，识别或起作用。

【防治口诀】要想月季美，叶蜂需应对：平时勤观察，剪枝把卵废；遇见产卵痕，刀刮也不累。随手摘虫叶，脚踩或焚毁。结茧根边土，翻土把茧追；消灭土中茧，除草兼追肥。天敌多保护，益虫花护卫。幼虫实在多，喷雾来解围；菊酯灭幼脲，触杀或毒胃；连喷二三次，均匀喷到位。

【形态特征】属于膜翅目三节叶蜂科，幼虫取食月季、玫瑰、蔷薇等林木的叶片。老熟幼虫胸部绿色，腹部橘黄色；胸足 3 对，腹足 7 对，第 6、7 对足退化成瘤状。成虫头、胸及足蓝黑色，略具金属光泽；触角 3 节，第 3 节最长；翅黑色，半透明。成虫白天活动，有孤雌生殖现象。一年发生 3 ～ 5 代，均以老熟幼虫在寄主根茎周围的松土中结茧越冬。卵多产于嫩茎背阴皮层下，少数产于叶柄。

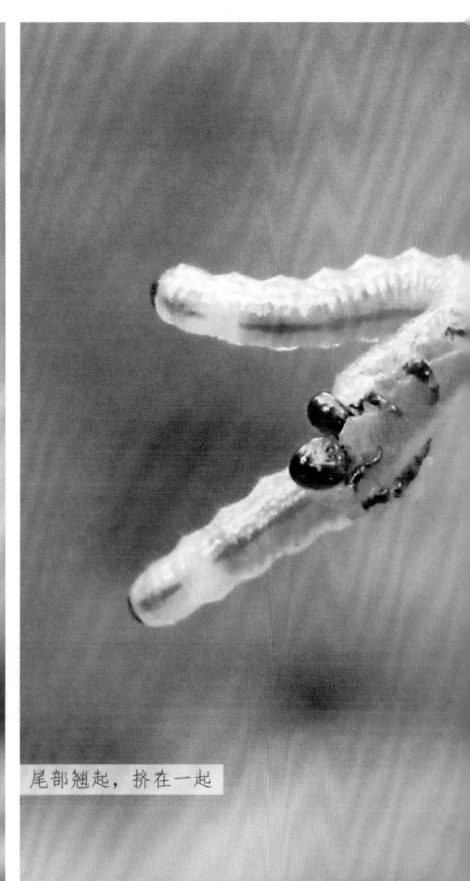

3. 榆三节叶蜂

【识别口诀】榆红胸三节叶蜂，体蓝黑胸部橘红；其触角黑色三节，较均匀形如圆筒。

【防治口诀】可参考蔷薇三节叶蜂防治口诀。

【形态特征】又叫榆红胸三节叶蜂、榆叶蜂等，属于膜翅目三节叶蜂科，幼虫取食白榆、黄榆、家榆、垂榆等榆科林木的叶片，严重时将叶片吃光。老熟幼虫头部黑褐色，体淡绿色，有时杂有黄色，虫体各节具有横列的褐色肉瘤3排，两侧近基部各有1个褐色大肉瘤，臀板黑色。幼虫昼夜取食，在树冠下的土缝内或枯枝落叶下结茧化蛹。成虫有金属光泽，头部蓝黑色，胸部橘红色；触角3节，黑色，圆筒形，长大约等于头部和胸部之和；翅褐色，足蓝黑色。成虫飞翔力弱，寿命短。一年发生2代，以老熟幼虫在土中结丝质茧越冬。产卵于榆树中、下部较嫩的叶片上。

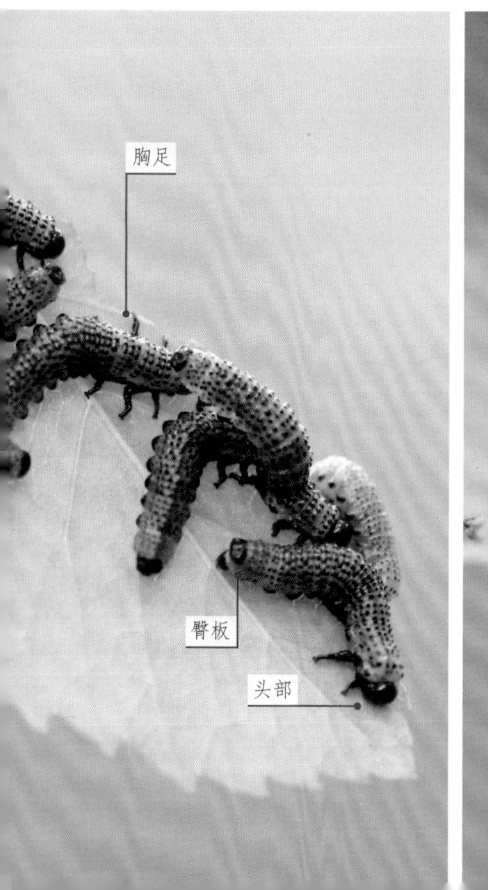

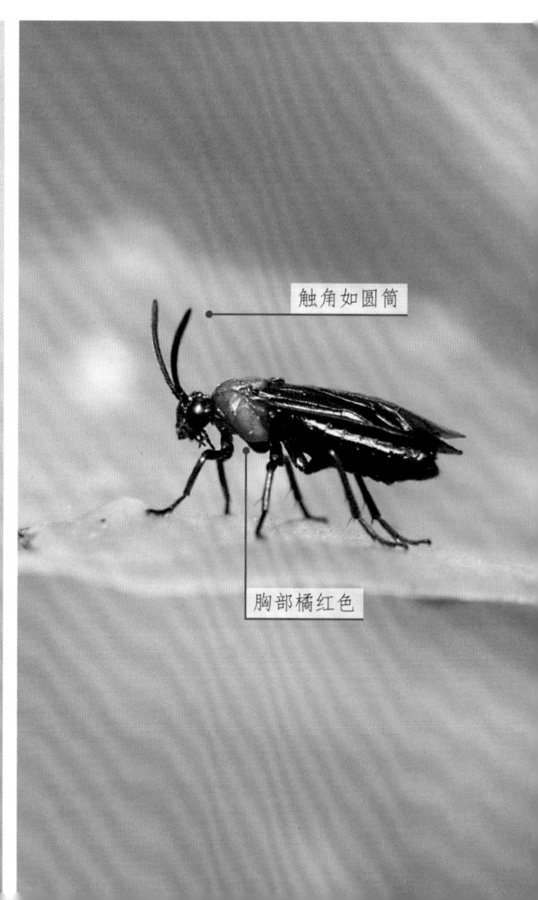

4. 榆童锤角叶蜂

【识别口诀】休息叶背缩，好像屎一坨；五列黑色斑，白色身上着；幼虫啃叶片，最爱是沙朴（pò）。

【防治口诀】幼虫肉乎乎，消灭人工捕。以虫来治虫，天敌多保护。冬季灭虫茧，树盘多翻土。大量发生时，农药来降服；菊酯灭幼脲，高效兼低毒；连喷二三次，遗漏及时补。

【形态特征】又叫沙朴叶蜂，属于膜翅目锤角叶蜂科，以幼虫蚕食榆树、朴树叶片为害。老熟幼虫体上有 5 列黑色斑点，胸足、腹足、腹面为黄色，并时常卷曲成圆盘状如鸟粪，受惊后经常掉落在地面或其他杂草上躲藏。成虫触角 7 节，其中端部膨大成锤状，由 2 节愈合而成；翅膜质透明；腹部黄色有成列黑斑。一年发生 1 代或者两年 1 代，以老熟幼虫在土壤表层结茧越冬。长江流域次年 3 月成虫羽化，4 月下旬至 5 月上旬为幼虫为害期。

白身长黑斑，白天蜷成团

5. 杏丝角叶蜂

【识别口诀】杏丝角叶蜂，俗称鸡屎虫；幼虫黑漆漆，黄白杂其中；淡黄是腹节，乳白是其胸；蚕食树叶片，一碰它就动；扭成“S”型，想把敌人轰。

【防治口诀】可参考榆童锤角叶蜂防治口诀。

【形态特征】又叫鸡屎虫，属于膜翅目叶蜂科，幼虫取食杏、桃、梅等林木的叶片，1～2龄幼虫沿叶缘一字排开取食，3龄后分散取食，严重时可将树叶吃光。老熟幼虫黑褐色，第5腹节至尾部为淡黄色，沿前、中胸背及后胸腹面呈乳白色，胸足明显，顶端具一褐色爪，腹足退化。成虫黑色，有蓝紫色光泽，翅黄色透明，翅痣黑色；足黑色有黄白斑纹。成虫无明显趋光性，活动力强，无风的晴天较活跃。丝质茧黄褐色，椭圆形。一年发生2代，幼虫以预蛹在土中越冬，次年3月中旬预蛹开始化蛹。产卵于叶片背面，喜从叶尖处开始沿叶脉产卵。

6. 杨扁角叶蜂

【识别口诀】虫小不好认，借助被害痕；叶中开天窗，虫在窗中蹲；身扭如“S”，褐头黄绿身；蜡丝如白沫，虫边叶上存。

【防治口诀】杨树粗又高，手捉摸不到；消灭土中茧，定期土翻刨。鸟类和益虫，保护或外招。幼虫入土前，喷药在地表；绿色威雷液，一碰它就倒。树高枝叶密，燃熏用烟包；或用烟雾机，喷烟毒笼罩；熏杀幼成虫，安全要想到。林稀树不大，喷洒灭幼脲；毒杀是幼虫，尽早趁虫小；零星树高大，树干可注药；内吸到树叶，啃叶命丢掉。

【形态特征】属于膜翅目叶蜂科，幼虫取食杨类林木的叶片。1～2龄幼虫群集取食，2龄后分散危害；幼虫身体黄绿色，有褐点分布，腹足退化，常摆成“S”型。身体会分泌白色泡沫状液体，凝固成蜡丝分布在取食形成的空窗边。幼虫老熟后沿树干爬到地表化蛹。成虫黑色，有光泽；前胸背板、翅基片、足黄色。一年发生3～8代，有孤雌生殖现象。以褐色丝茧在表土层越冬。卵产在叶背主脉两侧的表皮下，形成月牙形突起。

叶中开天窗，泡沫窗边长

7. 鹅掌楸叶蜂

【识别口诀】啃叶鹅掌楸，幼虫仔细瞅：小时挤一起，长大分开溜；无毛体光滑，淡身褐色头；受惊蜷起来，似乎是害羞。

【防治口诀】可参考杨扁角叶蜂防治口诀。

【形态特征】又叫马褂木叶蜂，属于膜翅目叶蜂科，幼虫取食鹅掌楸（马褂木）叶片，造成叶片残缺或被吃光。初孵幼虫体白色，2 龄绿色；4～5 龄黑褐色，头褐色，胸足黑色，腹足黄色。成虫身体和翅膀蓝黑色，前、中足的胫节和跗节浅褐色，后足黑色；翅半透明，具烟褐色，翅脉、翅痣黑色。成虫趋光性弱。一年发生 1 代，以老熟幼虫在土中作土室变预蛹越冬，次年 4 月上旬开始化蛹，5 月上旬出现幼虫，20 多天后开始入土越冬，7 月下旬结束。卵产于新叶背面叶脉附近的表皮下。

8. 浙江黑松叶蜂

【识别口诀】幼虫啃食松针，先把幼虫区分；体长光滑无毛，头小皱褶满身；背上二条绿线，体侧深蓝条纹。结成黄褐虫茧，附在叶间安稳。成虫黑色粗壮，腹部略有蓝晕；雄蜂触角漂亮，羽状大得过分。

【防治口诀】浙江黑松叶蜂，不治损失惨重：加强调运检疫，严格调苗引种；防止虫源带入，外传也要严控。平时加强监测，应急应对从容。保护招引天敌，以虫抑制害虫。对于少量发生，捉虫摘茧轻松。对于高大松树，药剂还需使用；菊酯灭幼脲类，连续喷杀幼虫；对于羽化成虫，杀螟松等可用。

【形态特征】属于膜翅目松叶蜂科，幼虫取食湿地松、黑松、五针松等松属林木的叶片。老熟幼虫乳黄色，体长 20 毫米左右，背上有 2 条绿色纵线，气门上线深蓝或墨绿色。成虫黑色，体粗壮；雄虫触角羽状，雌锯齿状。一年发生 2 ～ 4 代，有孤雌生殖现象。以老熟幼虫在针叶丛基部或枝杈间结茧越冬，次年 5 月开始羽化。雌成虫用产卵器将卵产于针叶表皮内，一针叶产卵 2 ～ 3 粒。

9. 桂花叶蜂

【识别口诀】桂花叶蜂不常见，一旦发生挺危险；幼虫无毛黄绿色，背显食道似绿线；头与胸足黑褐色，为害多在四月天。

【防治口诀】桂花叶蜂，综合防控：保护天敌，至始至终。带土苗木，检疫莫松；防止传入，防止外送。三四月间，网捕成虫。四月产卵，善于寻踪；或带虫卵，或聚幼虫；连叶摘除，可用手工。利用假死，把树摇动；幼虫振落，杀灭轻松。幼虫结茧，土中越冬；结合翻耕，将其命终。化学喷杀，虫多可用；高效低毒，安全为重。

【形态特征】属于膜翅目叶蜂科，幼虫取食各种桂花的叶片、嫩梢。幼虫黄绿色，头、胸足黑褐色，体节多皱纹；胸足 3 对，腹足 7 对；3 龄后腹背由消化道残渣组成的深绿纵线，老熟时黄色，半透明。成虫黑色，有金属光泽，触角丝状，胸部背面有瘤状突起；翅膜质透明，翅脉和翅痣黑褐色。一年发生 1 代，幼虫于 4 月底 5 月初入土 10 厘米左右结茧越冬。卵单粒成排产于桂花嫩叶边缘表皮下，叶生长畸形。

[第六章]

直翅目林木食叶害虫

第一节　直翅目昆虫识别

1. 识别口诀

直翅目，好认识；有蝗虫，含螽斯；如蟋蟀，土狗子；中大型，体壮实。其口器，咀嚼式。前翅长，是革质；盖体背，称覆翅；其飞翔，靠后翅；扇状叠，不飞时；其翅脉，多平直。翅摩擦，音引雌；有蟋蟀，如螽斯。其后足，多好使；跳跃足，专有词。或前足，开掘式；如蝼蛄，是常识。

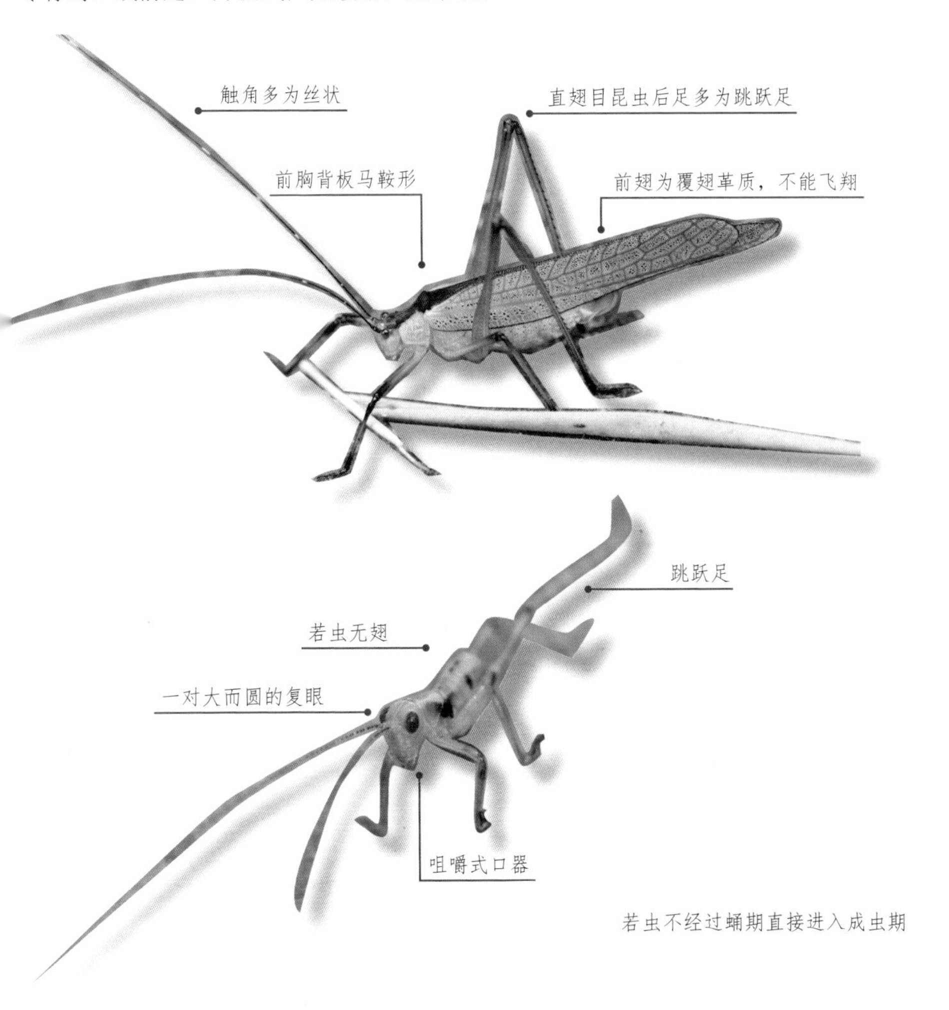

若虫不经过蛹期直接进入成虫期

直翅目昆虫包括蝗虫、螽斯、蟋蟀、蝼蛄等，多为中、大型，较壮实。前翅为覆翅，狭长，革质，停息时覆盖在体背。后翅膜质，扇状折叠，臀区宽大，停息时呈折扇状纵褶于前翅下，翅脉多平直。后足多发达善跳。口器为典型咀嚼式，多数种类为下口式，少数穴居种类为前口式。触角长而多节，多为丝状。复眼发达，大而突出，单眼一般 2 ～ 3 个，少数种类缺单眼。前胸背板发达呈马鞍状。螽斯、蟋蟀、蝼蛄等直翅目昆虫两翅相互摩擦发音。一生经历卵、若虫、成虫三个时期，为不完全变态昆虫。本目昆虫多数为植食性害虫，少数为肉食性或杂食性。

2. 防治方法

（1）善待、保护、招引、释放芫菁、螳螂、蟾蜍、刺猬、鸟类等天敌。适度发展林下养殖，用鸡鸭控制蝗虫的发生。防治黄脊竹蝗、青脊竹蝗时，可在竹林边缘栽植泡桐等阔叶树招引红头豆芫菁幼虫捕食越冬卵。

（2）植树造林、美化环境，提高植物覆盖度；扩大大豆、油菜等蝗虫厌食作物，提倡林农间作、轮作、套作，提高复种指数；冬、春季坚持劈山、挖山、采伐，春季清除林地周边杂草、杂灌，改善林间通风透光及土壤中肥、水、气、热等条件，减少蝗蝻食物源，创造不利于蝗类生长发育的环境条件。结合垦复、松土、施肥消灭土壤中的越冬蝗虫卵囊，降低虫口基数。

（3）将 90% 晶体敌百虫与人尿配成 1% 的药液或尿液：杀虫双 =19:1 浸透稻草或玉米芯或装入竹槽，放到有蝗虫活动的林地上，10 米一堆，一亩 6 ～ 7 堆，每堆用干稻草 1 ～ 1.5 千克诱杀蝗虫。

（4）做好蝗虫虫情测报，准确掌握蝗情。少量发生时或虫口密度较低时，可在清晨露水未干时人工直接捕捉消灭；或于低龄若虫期喷洒蝗虫微孢子虫、白僵菌、绿僵菌进行生物防治。

（5）当达到或超过 0.5 头 / 平方米时，应采取措施防治。可在孵化盛期至低龄若虫期用除虫脲悬浮剂，或杀灭菊酯等喷洒竹园灌丛、蓼叶等杂草和小竹，可有效杀死大部分跳蝻。如果蝗虫已上大竹，竹林密度较大、地形适宜时，选择无风或微风的清晨、傍晚，燃放苦参碱烟剂或使用烟雾机喷烟熏杀防治。也可以利用无人机或固定翼飞机喷洒阿维菌素、甲维盐进行超低容量或低容量喷雾。

第二节　蝗类食叶害虫

1. 黄脊竹蝗

【识别口诀】黄脊竹蝗有黄脊，识别方法也好记；前胸背板到额顶，一条纵纹引注意；长在中央是黄色，前狭后宽如标记；后足腿节之两侧，“人”形沟纹较稀奇。

【防治口诀】防治竹蝗，也来讲讲：栽植泡桐，竹林边旁；红头芫菁，引来帮忙；消灭蝗卵，当仁不让；其他天敌，也多培养。人工挖卵，对竹无伤；三月底前，找到卵场：常在山腰，坐北朝阳；黑色卵盖，中凹圆样；硬化胶质，卵块盖上。结合抚育，扩鞭铲桩；卵块破坏，土松林朗。四五月份，跳蝻出场；乘露未干，喷粉恰当；白僵菌类，林中释放。成虫会蹦，又善飞翔；尿中掺药，用杀虫双；再浸稻草，林中堆放；诱杀成蝗，效果特强。三龄之后，竹顶上逛；喷雾喷粉，注意风向；阿维菌素，顺风飘扬。若是喷粉，时间需讲；露水未干，雨后初阳。喷烟燃烟，烟笼四方；布点科学，路线先访；早晚无风，依次燃放。

【形态特征】若虫、成虫取食竹叶。无蛹期，若虫称蝗蝻、跳蝻。一年发生 1 代，卵在土中卵囊内越冬。

2. 青脊竹蝗

【识别口诀】青脊竹蝗常常遇，身体翠绿或暗绿；头顶直至胸背板，延至前翅前缘区；均为翠绿如青脊，识别时候多考虑。青脊两侧黑褐色，形同三角遮身躯；腹部背面紫黑色，腹部腹面黄色具。

【防治口诀】可参考黄脊竹蝗防治口诀。

【形态特征】属于直翅目网翅蝗科，若虫、成虫取食毛竹、刚竹、淡竹等竹类叶片。不完全变态昆虫，若虫称跳蝻，跳蝻刚孵化时色泽比较单纯，胸腹背面黄白色，没有黑色斑纹，身体黄白与黄褐相间。成虫翠绿或暗绿色，额顶突出如三角形，由头顶至胸背板以及延伸至两前翅的前缘中域均为翠绿色，这是与黄脊竹蝗的最大区别；腹部背面紫黑色，腹面黄色。一年发生 1 代，以卵在土壤中越冬，越冬卵于 4 月下旬开始孵化，10 月上旬成虫开始产卵于土中， 11 月下旬达死亡盛期。

3. 短翅佛蝗

【识别口诀】短翅佛蝗也常见，前翅较短是特点；翅长仅达腹后部，腹部末端露外面；身体黄褐暗褐色，长卵形状是复眼；触角较长直线状，端部灰白色明显。前胸背板侧隆线，近于平行有黑边；后足腿节黄褐色，膝部黑褐可查验。

【防治口诀】说防治，也简单；善经营，是关键：勤劈山，多清灌；退笋挖，丑竹间；林通风，竹强健；天敌类，护周全；冬挖卵，乘农闲；可诱杀，是跳蝻；蝗上竹，熏毒烟。

【形态特征】属于直翅目剑角蝗科散生蝗类，若虫、成虫取食竹类的叶片。雄蝗蝻4龄，雌蝗蝻5龄，7月中下旬羽化。成虫黄褐色、暗褐色；触角较长，端部灰白色；头顶颇向前突出，颜面颇倾斜，隆起，狭窄；复眼长卵形；前胸背板侧隆线近于平行，前缘平直，后缘呈圆弧形；中胸腹板侧叶全长明显分开；前翅较短，仅到达后足股节2/3处，明显不到达腹端。一年发生1代，以卵在土中卵囊内越冬。

4. 棉蝗

【识别口诀】俗称蹬山倒，随处能找到；头大顶钝圆，前胸背粗糙；青绿黄绿色，刻点满体表；双腿有锯齿，力大利弹跳；不太爱运动，个大吃却少。

【防治口诀】林间莫留草，防止将蝗招。冬春勤翻耕，暴露卵死掉。保护大青蛙，引鸟先挂巢；树下养鸡鸭，吃虫自己找。清晨反应慢，捕捉要趁早。如果虫口多，及时喷农药；功夫白僵菌，菊酯灭幼脲；选择无公害，低毒多思考。

【形态特征】又叫木麻黄棉蝗、大青蝗、蹬山倒，属于直翅目斑腿蝗科，若虫、成虫取食竹、刺槐、木麻黄、棉等多种植物的叶片、嫩茎。若虫低龄时体色较淡绿，大龄时翅芽明显。成虫个体较大，体鲜绿带黄色，后翅基部玫瑰色；头大，头顶宽短，顶端圆钝，触角细长丝状；前翅发达，后翅与前翅长度相当；后足胫节上侧的上隆线有细齿，但无外端刺。成虫跳跃力强，可稍远距离飞翔，无明显的群聚及迁飞为害习性。一年发生 1 代，以卵在土中卵囊内越冬，卵喜产于植被稀疏的丘陵、山坡地等处。

5. 稻蝗

【识别口诀】再说稻蝗，倒也寻常；个头中等，浅绿微黄。复眼后面，褐带宽长；达翅前缘，识别用上。成虫头小，头顶前向；脸向下看，内敛不张。腿节绿色，羽纹漂亮。

【防治口诀】可参考棉蝗防治口诀。

【形态特征】为直翅目斑腿蝗科稻蝗属害虫，若虫、成虫取食竹、稻等植物的叶片。蝗蝻共 6 龄，成虫体中型，羽化后初为淡黄色，后渐变为浅绿色。颜面明显向后下方倾斜，而头顶向前突出，二者组成锐角。触角丝状，短于身体而长于前足腿节，由 20 余小节构成。前胸背板两侧有深褐色和黄色带与头部两侧的色带相连。后足为跳跃足，其中腿节强壮粗大，绿色，近端部褐色，腿节外面上下两条隆线之间有平行的羽状隆起。成虫受惊扰时迅速逃离或转移到叶背，不迁飞，可短距离飞翔。一年发生 1 代，以卵在杂草地土壤中越冬。

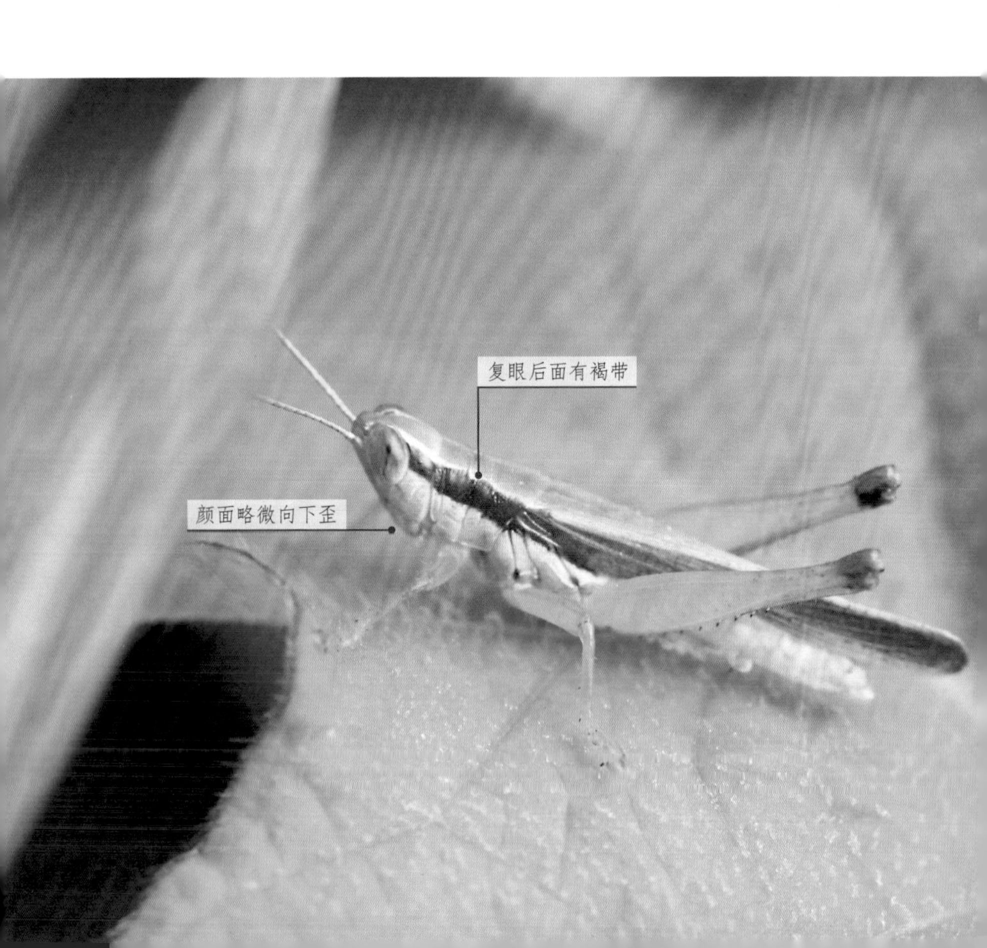

6. 日本黄脊蝗

【识别口诀】日本黄脊蝗，有纹似泪淌；纹在复眼下，绿色长条状。一条淡纵线，贯穿背中央。

【防治口诀】对付蝗虫，重在预防；植树种草，环境改良；轮作间作，生物多样。保护天敌，鸡鸭多养；灭茬深翻，蝗卵难藏。零星发生，莫要惊慌；白僵菌等，派上用场；反复感染，药效较长。超过半头，每个平方；防止成灾，农药用上；阿维菌素，或用复方；喷粉喷雾，或将烟放；因地制宜，安全为上。

【形态特征】属于直翅目斑腿蝗科，若虫、成虫取食茶、稻等植物的叶片、嫩茎。成虫体略粗短，体色淡黄，具斑纹。复眼长卵形，下方有 1 条绿色条纹。触角细长，常达到或超过前胸背板的后缘。前胸背板中隆线低，被 3 条横沟所割断，无侧隆线；背板侧片有 2 个明显的黄斑，底缘黄色。体背中央自头顶至翅尖有淡色纵条，前翅具黑褐斑。蝗蝻（若虫）活动较迟钝，形似成虫，体色较淡。一年发生 1 代，以成虫越冬。卵大多产在路旁、沟埂等较坚实的土壤中。

7. 短额负蝗

【识别口诀】短额负蝗不算美，头儿尖尖似圆锥；体形细长扁担形，角如扁剑是一对；行动迟缓食性杂，性格温顺不爱飞。

【防治口诀】可参考棉蝗防治口诀。

【形态特征】又叫中华负蝗、尖头蚱蜢等，属于直翅目锥头蝗科，若虫、成虫取食扶桑、佛手、凌霄、黄杨、蔷薇等花木及部分农作物的叶片、嫩茎。若虫初孵时有群集性，2 龄以后分散为害，秋季是为害高峰期。成虫个头中小型，有绿色或褐色 2 型。头部尖削，向前突出如锥，颜面极倾斜，侧缘具黄色瘤状小突起；触角丝状略扁。前胸背板极平整，中隆线低，侧隆线不明显，3 条横沟明显。前翅超过腹部。成虫行动较为迟缓，飞翔、跳跃能力均不强，雌性尤弱。一年发生 2 代，以卵在土层中越冬，卵块多产于向阳的较硬的土层中，每块卵有 10 ～ 20 多粒，深度常在 3 ～ 5 厘米左右。

绿色型

8. 摹螳秦蜢

【识别口诀】摹螳秦蜢，蜢中一种；触角不长，色不艳浓；头似马头，个小善蹦；后足腿节，褐斑三重。

【防治口诀】蜢与蝗虫是同宗，防治方法多类同：保护天敌第一条，多借益鸟和益虫；林下养鸡增效益，鸡肉营养香更浓。冬季挖卵地翻耕，消灭卵块土疏松。春季除草在林间，跳蝻孵后食难逢。林间诱杀堆稻草，农药事先掺尿中。虫多喷药要趁早，抵抗力弱虫集中；上树过后可喷药，熏烟飞防更机动。

【形态特征】又叫突眼蝗，属于直翅目短角蝗科（蜢科），若虫、成虫取食山核桃、榆树、蔷薇等林木及禾本科植物的叶片。1 龄跳蝻喜在禾本科嫩草上取食，2 龄爬到山核桃下部枝叶上取食并逐步上移。跳蝻淡黄色或灰褐色，后足腿节有 3 个棕褐色斑纹。成虫头部马头状；触角丝状，短而细，11 节；体色常暗淡，黄褐色；前翅灰褐色，超出腹末 6 毫米左右；后足腿节有 3 个环形褐斑。成虫无趋光性，对新鲜人粪尿有趋性。一年发生 1 代，常以十几粒卵胶结成圆桶形越冬。

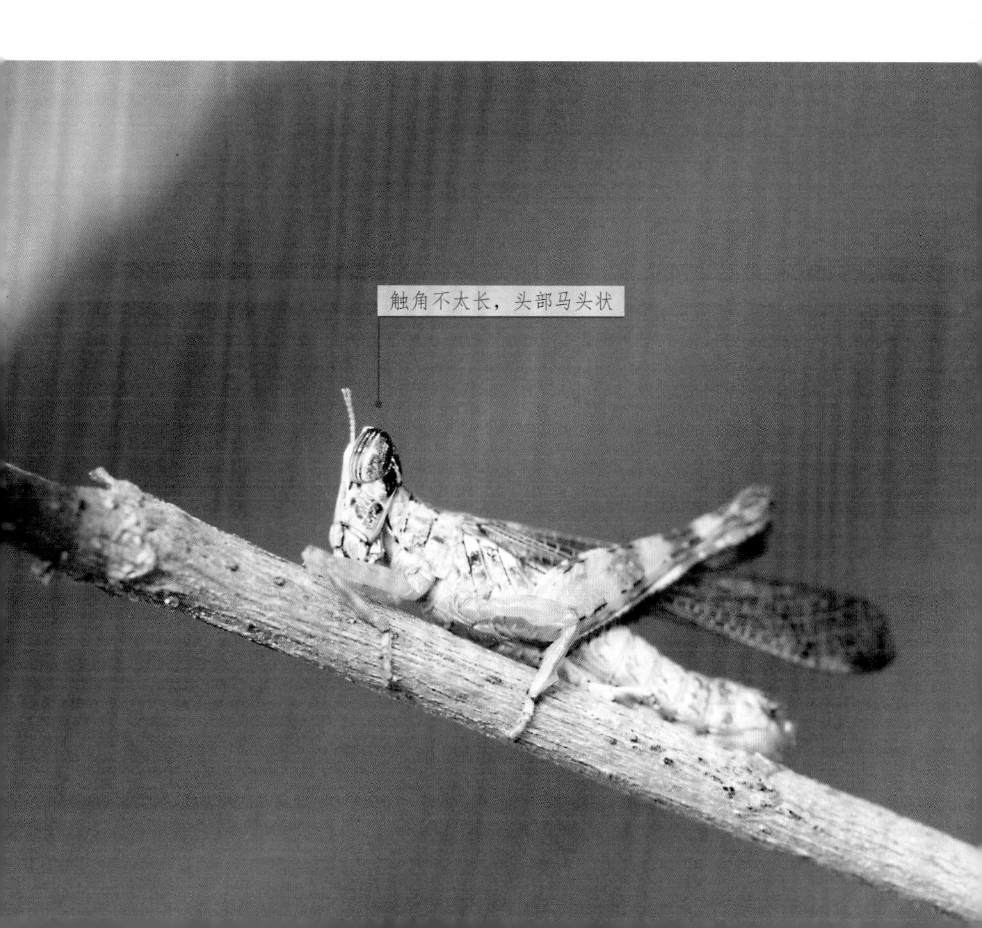

9. 蚱

【识别口诀】发达前胸背，后延至腹尾；末端尖似菱，菱蝗是称谓；前翅成鳞状，后翅很能飞；栖息在土表，或藏枯叶堆。

【防治口诀】可参考摹螳秦蜢防治口诀。

【形态特征】又叫菱蝗，是对直翅目蝗亚目蚱科（菱蝗科）昆虫的统称，若虫、成虫取食各种林木的叶片、嫩茎，喜生活在土表、枯枝落叶和碎石上。成虫体较小，菱形，体色一般较黯淡，多和泥土近似。前胸背板特别发达，向后延伸至腹末，末端尖，呈菱形，故名菱蝗。前翅退化成鳞片状，后翅发达。

第三节　螽斯类食叶害虫

1. 绿螽斯

【识别口诀】绿螽斯，好认识；两头尖，中宽实；不动时，像绿叶。看触角，细如丝；超体长，是标志。其头部，下口式。其后足，长而直；利弹跳，有距刺。

【防治口诀】螽斯食性杂，不治危害大：茶园竹园边，垦荒草不发。卵产嫩梢里，剪除先观察。若虫无翅膀，直接用手抓。成虫会飞翔，网捕喂鸡鸭。投其所爱好，毒饵巧诱杀。救急可喷药，早治效更佳。

【形态特征】属于直翅目螽斯科，若虫、成虫取食茶、竹等各种林木及农作物的叶片、花和果实。成虫两头尖中间大，体、翅鲜绿色，头短而尖，腹部较大，丝状触角超过体长。前翅长度超过后足腿节末端，后翅明显长于前翅。翅的前缘有斜向的黄白翅脉，翅膀折叠时很像树叶。若虫体形与成虫相似，无翅或短翅。成虫寿命较长，雄虫前翅摩擦发出鸣声，善跳能飞，行动敏捷。一年发生 1 代，以卵越冬，次年 5 月间孵化。产卵期为 8 ～ 9 月，卵单一纵行排列成条块产在茶等林木的嫩梢组织中。

2. 日本纺织娘

【识别口诀】日本纺织娘，褐身豆荚状；前翅宽而阔，腹部两倍长；雄翅善鸣叫，翅脉纹像网；雌虫产卵器，弧形马刀样。

【防治口诀】可参考绿螽斯防治口诀。

【形态特征】又叫宽翅纺织娘，属于直翅目螽斯科，若虫、成虫取食桑、柿、核桃、杨等林木及农作物的叶片、花。成虫体形较大，体长约 50 ～ 70 毫米，体色有绿色和枯黄色两种。头较小，前胸背侧片基部多为黑色，前翅宽阔，形似一片扁豆荚，前翅侧缘通常具数条深褐色斑，翅长一般为腹部长度的 2 倍。触角细长如丝状，黄褐色。后足长而有力，弹跳力很强。雌虫产卵器呈马刀状弧形上弯。成虫喜静伏在林木、瓜藤枝叶或灌丛下部等凉爽阴暗的环境中，行动迟缓，一般飞翔较少，黄昏和夜晚爬至上部枝叶活动、取食、鸣叫。一年发生 1 代，以卵越冬。卵产在嫩枝上，常造成这些嫩枝新梢枯死。

外形宽扁似豆荚，翅脉明显如描画

[第七章]
其他目林木食叶害虫

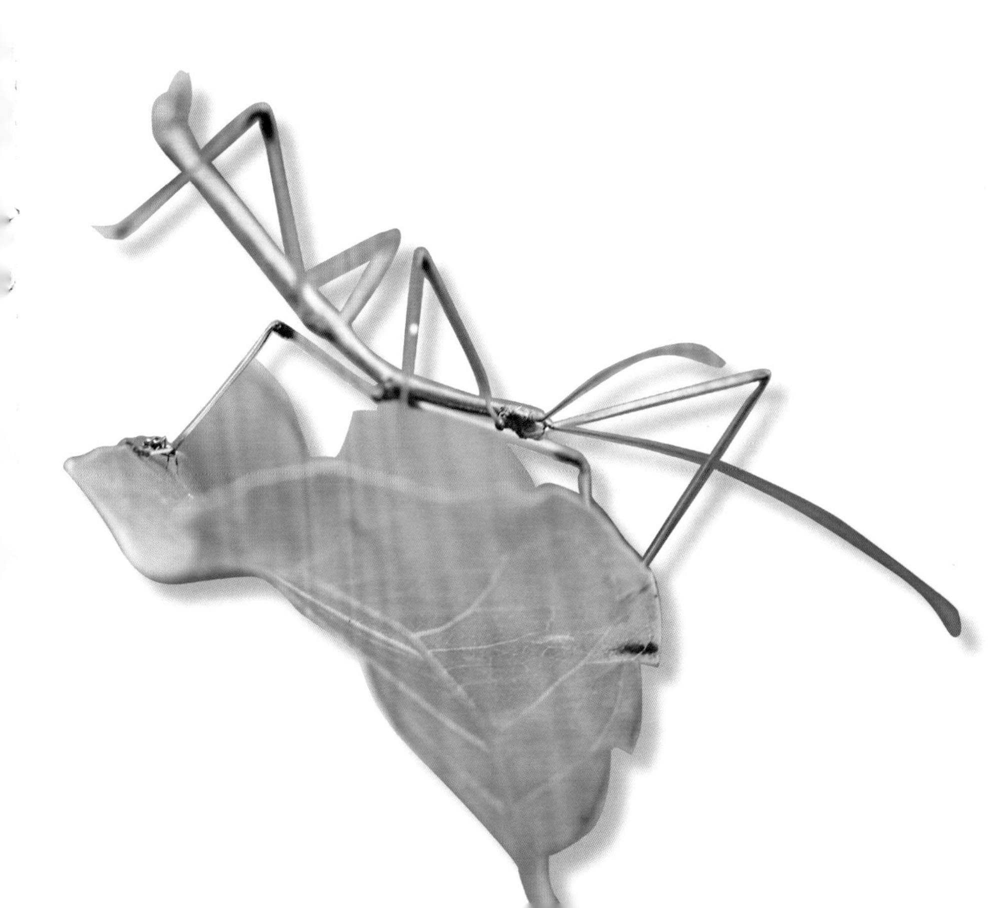

1. 竹节虫

【识别口诀】竹节虫，较特别；细长身，像竹节；头部小，口咀嚼；丝状角，分多节；复眼小，头上列；有单眼，或遗缺；翅两对，长而窄。

【防治口诀】竹节虫，善伪装，振树摇落最简当；个头大，懒洋洋，人工捕捉细查访；善经营，林健康，天敌平时护周祥；虫口多，莫慌张，喷雾喷烟同往常。

【形态特征】竹节虫是对竹节虫目（䗛 xiū 目）昆虫的通称，若虫、成虫取食栎类、构树、朴、竹类等各种林木的叶片。渐变态昆虫，没有蛹期。成虫为中至大型昆虫，身体在昆虫中最为修长，似竹枝或宽扁似叶片，多为绿或褐色。头小略扁，下口式。复眼小，卵形或球形，稍突出，复眼内侧有单眼 3 个或 2 个或无。触角丝状。前胸短，而中、后胸长。前翅革质，后翅膜质。足细长或宽扁，易折断。腹部 10 节，1 对尾须短小，不分节。具假死性，受惊扰时常后退再落下。一般一年发生 1 代，以卵越冬。卵散产在小枝上或落地产卵。

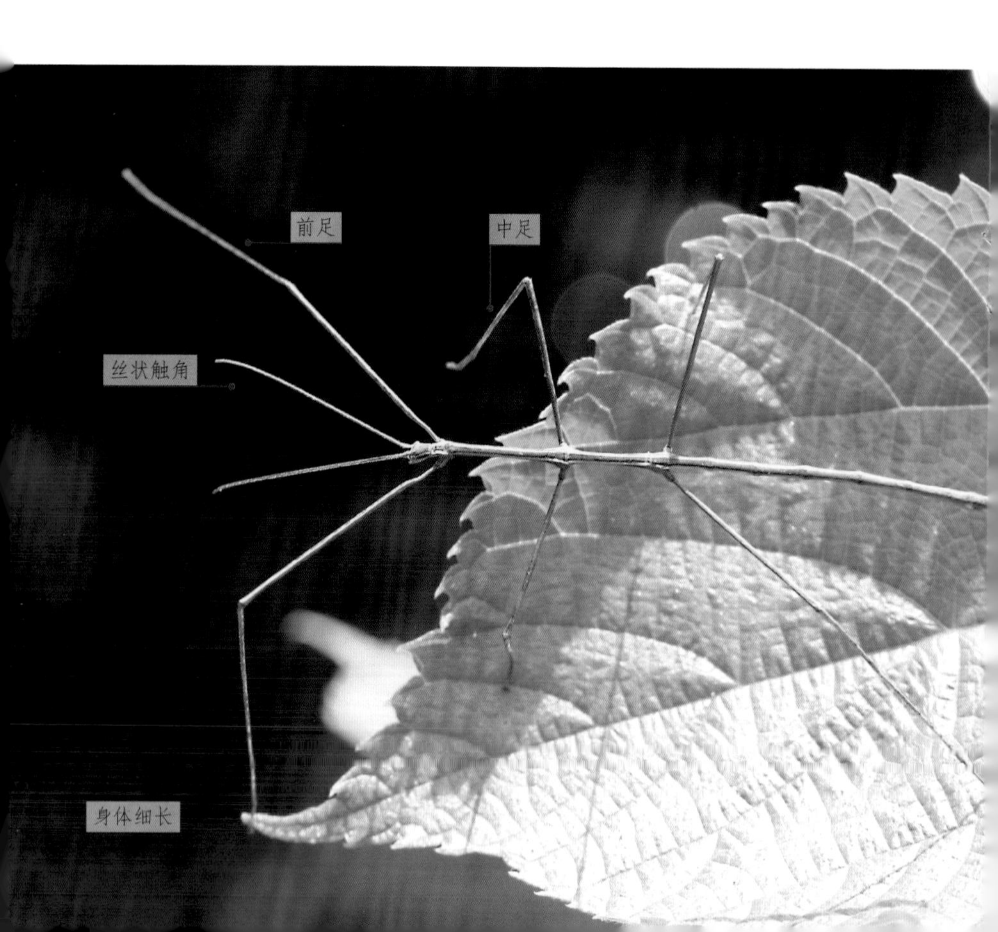

2. 蜚蠊

【识别口诀】蜚蠊叫蟑螂，人多嫌其脏；野外常活动，室内多隐藏；约有数千种，识别也讲讲。黑褐扁平身，个头也寻常；头小能活动，触角长丝状。前胸背板大，向前延伸长；覆盖头大部，识别多端详。复眼很发达，四翅平荡荡；前翅为革质，后翅为膜样；前后翅等大，盖在腹背上；有的不善飞，只因无翅膀。产卵于卵鞘，变态不完全。

【防治口诀】蜚蠊胆小爱肮脏，林间环境首先讲；除草砍灌勤修剪，通风透光无处藏；枯枝落叶火焚烧，垃圾杂物全清光；天敌动物多保护，毒饵引诱虫杀光。

【形态特征】俗称蟑螂，是对蜚蠊目昆虫的统称。成虫、若虫均能取食包括植物叶片在内的各种有机质。蜚蠊属于不完全变态，分为卵、若虫、成虫三阶段，无蛹期。成虫大小不一，体色各异。身体扁平，有光泽。触角长丝状，前胸背板宽大，覆盖头的大部分。前翅革质，后翅膜质或退化。足发达，能在光滑表面垂直爬行。我国已知的近170种蜚蠊中室外种类占了八成多，多自然分布于林间、地头。

索　引

L

M

P

Q

R

S

T

W

X

Y

Z

参 考 文 献

《安徽森林病虫图册》编写组，1988. 安徽森林病虫图册 [M]. 合肥：安徽科学技术出版社 .

北京农业大学，华南农业大学，福建农学院，等，1985. 果树昆虫学 . 上册 [M]. 北京：农业出版社 .

北京农业大学，华南农业大学，福建农学院，等，1990. 果树昆虫学 . 下册 [M]. 2 版 . 北京：农业出版社 .

车晋滇，杨建国，2005. 北方习见蝗虫彩色图谱 [M]. 北京：中国农业出版社 .

陈淮安，2011. 林木病虫害野外识别口诀 [J]. 防护林科技 (5)：125-126.

陈淮安，2013. 槐庵老人论桃树病虫害防治歌诀 [J]. 防护林科技 (5)：110-111.

陈淮安，2014. 观赏甲虫野外识别歌诀 [J]. 防护林科技 (2)：127.

陈淮安，2015. 森林健康经营技艺歌 [J]. 防护林科技 (1)：126.

陈淮安，2016. 梨树虫害识别与防治歌诀 [J]. 湖北植保 (1)：64+31.

陈淮安，2016. 林业有害生物普查外业调查技艺歌 [J]. 防护林科技 (3)：126-127.

陈世骧，1986. 中国动物志：昆虫纲第二卷鞘翅目铁甲科 [M]. 北京：科学出版社 .

陈锡昌，杨骏，刘广，2017. 野外观蝶：广州蝴蝶生态图鉴 [M]. 广州：广东科技出版社 .

韩国生，2015. 森林昆虫生态原色图册 [M]. 沈阳：辽宁科学技术出版社 .

蒋金炜，乔红波，安世恒，2014. 农田常见昆虫图鉴 [M]. 郑州：河南科学技术出版社 .

蒋平，徐志宏，2005. 竹子病虫害防治彩色图谱 [M]. 北京：中国农业科学技术出版社 .

雷朝亮，荣秀兰，2003. 普通昆虫学 [M]. 北京：中国农业出版社 .

李成章 陈小钰，1988. 农林蛾类一百种鉴别图册 [M]. 上海：上海科学技术出版社 .

辽宁省林学会，1986. 森林病虫图册 [M]. 沈阳：辽宁科学技术出版社 .

刘广瑞，章有为，王瑞，1997. 中国北方常见金龟子彩色图鉴 [M]. 北京：中国林业出版社 .

卢耽，2012. 图解昆虫世界 [M]. 北京：电子工业出版社 .
任顺祥，2009. 中国瓢虫原色图鉴 [M]. 北京：科学出版社 .
石进，2008. 长江中下游地区常见森林昆虫与蜘蛛 [M]. 哈尔滨：东北林业大学出版社 .
谭娟杰，2014. 中国经济昆虫志：第十八册鞘翅目叶甲总科（一）[M]. 北京：科学出版社 .
徐公天，杨志华，2007. 中国园林害虫 [M]. 北京：中国林业出版社 .
杨星科，2014. 中国动物志：昆虫纲第 61 卷鞘翅目叶甲科叶甲亚科 [M]. 北京：科学出版社 .
虞国跃，王合，2017. 北京林业昆虫图谱 I [M]. 北京：科学出版社 .
虞佩玉，1996. 中国经济昆虫志：第五十四册 鞘翅目叶甲总科（二）[M]. 北京：科学出版社 .
郑哲民，1998. 中国动物志：昆虫纲第十卷直翅目蝗总科斑翅蝗科网翅蝗科 [M]. 北京：科学出版社 .
中国科学院动物研究所，1981. 中国蛾类图鉴 I [M]. 北京：科学出版社 .
中国科学院动物研究所，1982. 中国蛾类图鉴 II [M]. 北京：科学出版社 .
中国科学院动物研究所，1982. 中国蛾类图鉴 III [M]. 北京：科学出版社 .
中国科学院动物研究所，1983. 中国蛾类图鉴 IV [M]. 北京：科学出版社 .
中国科学院动物研究所，1986. 中国农业昆虫（上册）[M]. 北京：农业出版社 .
中国科学院动物研究所，1987. 中国农业昆虫（下册）[M]. 北京：农业出版社 .
中国农业百科全书编辑部，1990. 中国农业百科全书：昆虫卷 [M]. 北京：农业出版社 .
周尧，2000. 中国蝶类志（修订本）[M]. 郑州：河南科学技术出版社 .
朱弘复，1980. 中国经济昆虫志：第二十二册鳞翅目天蛾科 [M]. 北京：科学出版社 .
朱弘复，王林瑶，方承莱，1979. 蛾类幼虫图册（一）[M]. 北京：科学出版社 .